Quantengravitation:
Das Planck-Quantum als Ursprung der Allgemeinen Relativitätstheorie

Auf dem Weg
zu einem neuen physikalischen Weltbild

Zu diesem Buch:

Zu den großen ungelösten Wissenslücken in unserem physikalischen Weltbild gehört die Frage nach der Vereinbarkeit von Einsteins Allgemeiner Relativitätstheorie (ART) und der Quantentheorie. Wie in diesem Buch gezeigt werden soll, geht diese Frage weit über das eigentliche Thema hinaus. Sie betrifft nämlich die wissenschaftlichen Grundlagen unserer gesamten Forschung über das, was die Welt und unser Leben im Innersten zusammenhält. So geht es auch um die Kosmologie und den Urknall sowie um die großen Fragen nach der Zeit sogar bis hin zu den lebendigen komplexen Systemen in der Gesellschaft.

Die derzeitige Suche nach den Antworten führt in der Physik zum etablierten Forschungsgebiet der *Quantengravitation*, wo allerdings bereits verschiedene Lehrmeinungen miteinander konkurrieren. Eine Synthese wurde bisher dadurch erschwert, dass die Forschergruppen überwiegend in engen *disziplinären* Strukturen angesiedelt sind und ihre jeweiligen Modelle verteidigen.

Bei einer *interdisziplinären* Sicht eröffnen sich jedoch aufregende Perspektiven: Dieser „Forschungsbericht" beschreibt die Arbeitsweise und Erkenntnisse eines Wissenschaftlers, der frei von universitären Begrenzungen des Denkens Befunde aus verschiedenen Wissensgebieten zusammenführt. Das verblüffende Ergebnis ist eine neue Theorie, die zeigt, dass das Planck´sche Wirkungsquantum nicht nur die Basis der Quantenphysik ist, sondern dass dieses Quantum gleichzeitig der Ursprung von Einsteins Allgemeiner Relativitätstheorie ist. Der spannende Weg zu dieser Theorie, die „Matrixtheorie" genannt wird, führt über die Lösung elementarer Zeitfragen zusätzlich zur Erkenntnis, dass so manche scheinbar gesicherten Erkenntnisse der Physik neu zu interpretieren sind.

Viele weitere Lösungsvorschläge zu fundamentalen Fragen der Physik wie die Frage nach der Natur des Higgs-Feldes und zur Urknalltheorie, welche die Matrixtheorie „wie auf einen Schlag" liefert, geben Anlass zur Hoffnung, dass hier möglicherweise etwas Grundlegendes gefunden wurde, das es weiter zu verfolgen gilt.

Zum Autor:

Dr. Michael Harder promovierte 1980 in Kiel im Fach Chemie mit Nebenfach Wirtschaftswissenschaften und arbeitete dann in der BASF AG an der Forschung und Entwicklung von Datenträgern. 1986 wechselte er zur Leitung eines systemischen Beratungsbüros in Freiburg. Zwischenzeitlich gehörte er zur Endauswahl der Wissenschafts-Astronauten der D2-Mission. 2002 gründete er das Büro für Interdisziplinäre Wissenschaften (Interwiss) in Staufen. Seitdem forscht er interdisziplinär an der Verknüpfung der einzelnen Wissenschaften und hält Vorträge zu fundamentalen Fragen in Physik und Ökonomie.

Michael Harder

Quantengravitation:

Das Planck-Quantum als Ursprung der Allgemeinen Relativitätstheorie

Auf dem Weg

zu einem neuen physikalischen Weltbild

Die Natur ist einfach, wie auch ihre Gesetze.
                                      Albert Einstein

1. Auflage November 2024
Verlag: BoD · Books on Demand GmbH, In de Tarpen 42, 22848 Norderstedt
Druck: Libri Plureos GmbH, Friedensallee 273, 22763 Hamburg
© 2024 Michael Harder
ISBN: 978-3-7693-1364-2

Bibliografische Information der Deutschen Nationalbibliothek
Die deutsche Nationalbibliothek verzeichnet diese Publikation in der Deutschen Nationalbibliografie; detaillierte bibliografische Daten sind im Internet über http:/dnb.de-nb.de abrufbar.

Inhalt

		Seite
	Anmerkungen zu diesem Buch	7
0.	Zusammenfassung	9
1.	Einführung	11
2.	Warum brauchen wie eine Theorie der Quantengravitation?	13
3.	Der einzige gut bekannte Quantenbaustein in der Physik als Gamechanger	15
4.	Nicht die Energie ist in Wirklichkeit gequantelt, sondern die Wirkung (= Energie x Zeit)	16
5.	Die Physik und die Zeit: Fragen über Fragen	18
6.	Festlegung der Forschungsstrategie	22
7.	Die Konstanz der Lichtgeschwindigkeit	23
8.	Die Äther-Diskussion und das Higgs-Feld	24
9.	Einsteins Allgemeine Relativitätstheorie (ART) und ihre Hintergrund*un*abhängigkeit	25
10.	Ein Skalarfeld und die Anisotropie der Zeitdilatation	27
11.	Eine Matrix aus Wirkungsquanten ersetzt das Raumzeitkontinuum	30
12.	Die Prüfung des Modells der Matrix aus Wirkungsquanten (I): Veränderungen von Zeit und Längen und das Higgs-Feld	32
13.	Die Prüfung des Modells der Matrix aus Wirkungsquanten (II): Die Dreiteilung der Zeit und die universelle Gleichzeitigkeit	34
14.	Die Basis der Quantengravitation: ART und Quantenphysik haben denselben Ursprung	37
15.	Die Prüfung des Modells einer Matrix aus Wirkungsquanten (III): Der Zeitpfeil der Evolution	40
16.	Matrixtheorie, kosmologischer Zeitpfeil und Dunkle Energie	43
17.	Die Welt ist Wirkung und nicht Materie + Raumzeit	47
18.	Ausblick	49
19.	Literaturliste	53

Anmerkungen zu diesem Buch

Als ich im Frühjahr 2024 auf das Buch „Philosophie der Physik" von Michael Esfeld stieß, in dem sich einige Artikel mit dem Thema Quantengravitation beschäftigen, dem ich bei eigenen Forschungen bisher immer ausgewichen war, fiel mir bei der Lektüre etwas auf. Es war zum einen, dass die Physik bei der Suche nach einer Quantengravitation immer wieder auf die ungelöste Frage nach dem Wesen der Zeit stößt, und es war zum anderen, dass es eine Kritik am Standardmodell der Physik gab, die darauf hindeutete, dass die Quantenphysik wohl zu reformieren ist.
Als Nächstes fiel mir auf, dass ich bei meinen eigenen theoretischen Forschungen längst auf vielversprechende Antworten gestoßen war, dass ich aber gleichzeitig etwas die ganze Zeit übersehen hatte, das von fundamentaler Bedeutung für die Physik sein könnte: Danach ist das Plancksche Wirkungsquantum nicht nur die Basis der Quantenphysik, sondern auch der Ursprung von Einsteins Allgemeiner Relativitätstheorie. So wird innerhalb dieses Quantums z.B. der Mechanismus der Raumkrümmung durch die Gravitation deutlich. Nun lässt sich nicht nur die Frage beantworten, wie „die Natur das denn macht", sondern auch danach, wohin sich der Raum krümmt, wenn nicht in den Raum. Liegt hier, in dem gemeinsamen Ursprung von Quantenphysik und Relativitätstheorie, der Schlüssel zur Quantengravitation?

Nun ist es heute schwer, eine neue Theorie in den Universitäten ins Gespräch zu bringen, zu reduktionistisch ist die Physik geworden, zusammen mit einer hohen Mathematisierung. In der Flut von Publikationen kleinster, mathematischer Mosaiksteine sind übergreifende Gedanken kaum noch möglich, das „Ganze" ist zunehmend außer Sicht geraten. Zumal das „Sapere Aude" mit dem Mut zur Möglichkeit, Fehler eingestehen zu müssen, die von irgendeinem Spezialisten aufgedeckt werden könnten, kaum noch gewagt wird. Vor lauter Wissen in reduktionistischen Spezialfragen scheint dieser Weg zu einem Erkenntnisgewinn verbaut. So bin ich mittlerweile überzeugt, dass neue Ideen zur Lösung der elementaren Fragen der Physik wie die der Quantengravitation von außen kommen werden – von externen Wissenschaftlern, die nicht der gedanklichen Disziplin der Universitäten unterliegen und die *interdisziplinär* arbeiten.

Wie vertrauenswürdig ist das hier vorgestellte Forschungsergebnis, das von mir als Außenseiter und interdisziplinärer Wissenschaftler erarbeitet wurde und die Raumzeit durch ein Skalarfeld aus Wirkungsquanten ersetzt? Wie ich bei aktuellen Recherchen feststellen konnte, sind aus unterschiedlichen Perspektiven mehrere angesehene

Physiker zu Ideen gekommen, die – verknüpft man sie in der richtigen Art und Weise – sehr nahe an die hier vorgestellte Lösung kommen. Was zu der Frage führt, warum diese Physiker nicht diesen letzten Schritt weg von der Raumzeit gingen, obwohl alles darauf hindeutet, dass er gegangen werden muss? Ich denke mittlerweile, dass es daran liegt, dass die Raumzeit so fest in der Physik verankert ist, dass ein Rütteln an ihr zu Verwerfungen führen kann, deren Auswirkungen kaum abzuschätzen sind.

Mit dieser Publikation gehe ich nun diesen Schritt. Als Nicht-Universitätsangehöriger, für den es schwer ist, in den üblichen wissenschaftlichen Fachorganen zu publizieren, wählte ich daher die Publikation in diesem Buch mit dem Vorteil, dass der Weg zur Lösung ausführlich beschrieben werden kann.

Dr. Michael Harder, im Oktober 2024

Danksagung

An dieser Stelle möchte ich mich ganz besonders bei dem Quantenphysiker Dieter Schuch von der Universität Frankfurt bedanken, der mir mit seinem Wissen bei der Diskussion meiner theoretischen Arbeiten oft zur Verfügung stand. Weiterhin möchte ich mich beim Physiker Dieter Schumacher aus Offenburg bedanken, der mir eine wichtige Hilfe beim Lektorieren dieses Buches war.

0. Zusammenfassung

Die Natur ist einfach, wie auch ihre Gesetze.
Albert Einstein

Bei einer tiefer gehenden Untersuchung der unterschiedlichen Fachgebiete der Physik stößt man auf Wissenslücken und Ungereimtheiten, die zeigen, dass das derzeitige Standardmodell der Physik noch unzureichend ist.

Prüft man z.B. die bisherigen Ansätze für eine Theorie der Quantengravitation, die die beiden großen Theorien der Physik, nämlich Einsteins Allgemeine Relativitätstheorie (ART) und die Quantentheorie endlich verbinden sollen, fällt auf, dass das in der Physik etablierte Raumzeitkontinuum aufgrund seines Kontinuums einer Lösung mit einer gequantelten Metrik, die für eine Theorie der Quantengravitation eigentlich notwendig ist, im Wege steht. Es gilt also, das Raumzeitkontinuum mittels einer Metrik aus Quanten zu beschreiben.

Die Physik arbeitet gerne mit Energiequanten, übersieht dabei aber regelmäßig, dass das eigentlich Gequantelte in der Quantenphysik *Wirkung* (Energie • Zeit) und nicht Energie ist. Damit liegt es nahe, als geeigneten Quantenbaustein ein *Wirkungsquantum* einzusetzen.

Wie die folgenden Arbeiten und Ergebnisse zu elementaren Zeitfragen zeigen, führt dies am Schluss der Argumentationskette tatsächlich zu einem Skalarfeld aus Wirkungsquanten. Hinzu kommt eine unerwartete Entdeckung. Es zeigt sich, dass sowohl die ART mit ihren Zeitdilatationen und Raumkrümmungen als auch die Quantenphysik offensichtlich den identischen Ursprung haben, nämlich das Planck'sche Wirkungsquantum h. Denn mit einem Feld aus Planck'schen Wirkungsquanten lassen sich nun endlich sowohl der Mechanismus der Raumkrümmung als auch die Zeitdilatationen bei Bewegung und Beschleunigung in der ART beschreiben. Für beide Theorien ist damit überraschenderweise das Planck-Quantum die identische Basis, und so gibt es nun die Möglichkeit, beide Theorien über dieses Quantum miteinander zu verbinden.

Diese neue Theorie, die ich „Matrixtheorie" nenne, kann aber noch mehr. So gleicht das Skalarfeld aus Wirkungsquanten verblüffend den Eigenschaften des Higgs-Feldes, das für das Phänomen Trägheit und Masse verantwortlich ist. Das führt zur Vermutung, dass das Feld aus Wirkungsquanten und das Higgs-Feld identisch sind.

Mit der völlig neuen Erkenntnis, dass Einsteins ART ihren Ursprung im Planck-Quantum hat, wird erwartet, dass damit der Weg zu einer Theorie der

Quantengravitation frei wird. Verblüffend ist weiter, dass die Arbeiten mehrerer prominenter Physiker genau die Bausteine definieren, die schließlich direkt zur Matrixtheorie führen. Nur: Bisher wurde von Ihnen nicht der letzte Schritt von der Raumzeit zur Wirkung gewagt.

Viele weitere Lösungsvorschläge zu fundamentalen Fragen der Physik wie z.B. zur Urknalltheorie, welche die Matrixtheorie „wie auf einen Schlag" liefert, geben Anlass zur Hoffnung, dass hier möglicherweise etwas Grundlegendes gefunden wurde, das es weiter zu verfolgen gilt.

1. Einführung

Beschäftigt man sich mit den aktuellen zentralen Fragen der Physik, so wird man feststellen, dass unser physikalisches Weltbild auch nach Jahrhunderten der Forschung immer noch unvollständig ist – trotz aller großen Erfolge und Fortschritte in der Physik. So ist z.B. immer noch ungeklärt, auf welchem Weg die Quantentheorie und Einsteins Allgemeine Relativitätstheorie (ART) miteinander vereinbar sind. Es ist die große Frage, wo und wie diese beiden Theorien, die sich beide immer wieder als richtig erwiesen haben und doch so gegensätzlich erscheinen, naturgesetzmäßig miteinander verknüpft sind. Welches ist das Naturgesetz, das sie verbindet und nach dem die Wissenschaftler so sehr suchen, welches es aber irgendwo geben muss, und dessen Entdeckung dann wohl zu einer neuen Theorie führen wird?

Es gibt aber noch mehr elementare Fragen, und es liegt der Verdacht nahe, dass sie ebenfalls mit dem Bindeglied von ART und Quantenphysik zusammenhängen. So versucht die Physik seit langem, das Phänomen der Zeit zu erklären, und so manche Physiker vor allem aus der Quantenphysik tendieren mittlerweile sogar dazu, dass es „die Zeit" gar nicht gibt und dass sie möglicherweise eine Illusion ist, obwohl sie in der Realität eine immense Bedeutung hat.

Die Physik, die den Anspruch hat, die Welt zu erklären, hat auch noch nicht *lebendige* komplexe Systeme, die als Nichtgleichgewichtssysteme den Großteil unserer realen Welt ausmachen, abschließend geklärt. Es ist an der Zeit, dass auch sie in einem (neuen?) physikalischen Weltbild ihren Platz finden.

All diese Fragen, die in der Physik noch offen sind, lassen vermuten, dass es etwas Fundamentales sein muss, was an unserem etablierten Denken in der Physik zu korrigieren ist. Oder etwas Grundsätzliches, das ganz einfach fehlt und bisher übersehen wurde. Damit steht die Physik vor der Aufgabe, sich Neuem zu öffnen und dabei möglicherweise auch alte Narrative erneut zu prüfen und – wenn nötig – zu überarbeiten, wenn sie die vorhandenen elementaren Lücken schließen will.

Die Suche nach neuen Denkansätzen war denn auch das Ziel der hier publizierten Überlegungen. Vorrangig ging es dabei um die Theorie der Quantengravitation.

Nun gibt uns die Natur nur sehr wenige Hinweise, wo wir nach einer Theorie der Quantengravitation schauen sollen. H. Nicolai vom MPI Potsdam schreibt dazu: „Ein Haupthindernis hier ist, dass die Größenordnung der erwarteten Effekte unglaublich klein ist. Maßgeblich ist die Planck-Länge mit etwa 10^{-33} cm; entsprechend ist die maßgebliche Skala in Bezug auf die Energie etwa 10^{19} GeV, unglaubliche 15 Größenordnungen über dem Energiebereich, der z.B. für den Large Hadron Collider

(LHC) in Genf zugänglich ist. Es besteht daher keine Hoffnung, jemals direkt tatsächliche Quantengravitations-Effekte im Labor zu messen. Man kann jedoch spekulieren, dass sich die Quantengravitation vielleicht *indirekt* zeigt, etwa in der kosmischen Hintergrundstrahlung oder dadurch, dass sie eine triftige Erklärung für die Inflation, die dunkle Energie und den Ursprung des Universums liefert". [1]

Grundlagen für die hier beschriebenen neuen Ergebnisse war ein Vortrag, den ich als freier Wissenschaftler, der – es erwies sich als Vorteil – an keine Universität gebunden ist, auf dem Quantenphysik-Kongress „Symmetries in Science" am 1. August 2023 in Bregenz gehalten habe. In dem Vortrag stellte ich den Stand meiner Forschungen vor, und es ging darum, welche Auswirkungen es hat, wenn man das Raumzeitkontinuum durch eine gequantelte Metrik aus Wirkungsquanten ersetzt. Als weitere Grundlage dienten nach dem Vortrag fruchtbare Diskussionen mit Prof. Claus Kiefer (Universität Köln) und Prof. Dieter Schuch (Universität Frankfurt).

Weitere neue Aspekte und Argumentationshilfen ergaben sich aus dem Fachbuch „Philosophie der Physik", das von Prof. Michael Esfeld (Universität Lausanne) herausgegeben wurde und aus einer Sammlung von 20 ausgewählten Artikeln zu unterschiedlichen Interpretationen von fundamentalen physikalischen Theorien sowie zur Forschungsfront von Quantenfeldtheorie und Quantengravitation besteht [2]. Hilfreich für die vorliegenden Arbeiten waren vor allem die Artikel „Quantengravitation" von Prof. Claus Kiefer [3] sowie „Hat die Raumzeit Quanteneigenschaften?" von Prof. Reiner Hedrich [4].

Eine weitere Quelle wichtiger Zusatzinformationen entstammt dem Buch „Was für ein Zufall. Über Unvorhersehbarkeit, Komplexität und das Wesen der Zeit" [5] des interdisziplinären Wissenschaftlers Bernd Weßling, auf das mich Prof. Schuch im März 2024 aufmerksam machte. Weßling beschäftigt sich dort mit der Frage der Zeit in Nichtgleichgewichtssystemen, welche von der Physik bisher vernachlässigt wurden. Das derart gesammelte Wissen war die Grundlage dafür, ein konsistentes Gesamtbild zu entwickeln, das allerdings ein Umdenken innerhalb der theoretischen Physik erfordert. Geringe Änderungen, so wird gezeigt werden, können einen großen Einfluss auf unser physikalisches Weltbild haben.

Die vorliegenden Ergebnisse machen jetzt Hoffnung, endlich die zentralen Fragen zur Verbindung von ART und Quantenphysik und damit zur Theorie der Quantengravitation zu lösen sowie gleichzeitig – der Lösungsweg führt nun einmal in diese Richtung – *zentrale Zeitfragen* zu beantworten.

Die wesentliche und auf den ersten Blick überraschende Erkenntnis dieser Ergebnisse ist, dass offensichtlich die Phänomene von Einsteins Allgemeiner Relativitätstheorie und der Quantenphysik einem identischen Ursprung entstammen, nämlich dem Planckschen Wirkungsquantum. Damit wäre das Planck-Quantum die Basis der ART!

Mit diesem Denkansatz lassen sich aus meiner Sicht nun erste Schritte einleiten, in der „etablierten" Physik tatsächlich Quantenphysik und ART zu verbinden, was allerdings in mancher Hinsicht eine Korrektur der Quantenmechanik und eine Abkehr von der Speziellen Relativitätstheorie bedeuten würde.
Dafür notwendig ist ein Ersatz des Raumzeitkontinuums durch eine quantisierte Metrik aus Wirkungsquanten. Das ist alles, nur ist der Weg dahin schwer zu erkennen.

2. Warum brauchen wir eine Theorie der Quantengravitation?

Um die Dringlichkeit einer neuen Theorie zur Verbindung von Einsteins ART und der Quantenphysik und damit zur Quantengravitation zu zeigen, werden in den folgenden Zeilen die Untersuchungen von Cl. Kiefer [3] und R. Hedrich [4] als Grundlage genommen und anschließend zusammengefasst.
Betrachtet man die ungelösten Widersprüche in der theoretischen Physik, so betreffen sie vor allem die Begriffe von *Raum* und *Zeit*. So benutzt die Quantenmechanik Newtons eine „absolute" Zeit, die dort unbeeinflusst im Hintergrund steht. Die *Quantenfeldtheorie* verwendet hingegen eine andere Zeit, die man als feste äußere Minkowski-Raumzeit bezeichnen kann, die sich historisch auf der Grundlage der *Speziellen* Relativitätstheorie entwickelt hatte. Einsteins Allgemeine Relativitätstheorie (ART) wiederum formuliert eine *dynamische*, also z.B. durch Gravitation beeinflussbare Raumzeit. Hier spielt der Begriff der Hintergrund*un*abhängigkeit der ART eine große Rolle, in der Vorgänge mit Energien und Materie nicht mehr vor einer „Bühne" der Raumzeit ablaufen, sondern diese beeinflussen und untrennbar mit ihr verbunden sind – es gibt also keine *separate* Bühne mehr und keine Hintergrundabhängigkeit. Aus diesen unterschiedlichen Auffassungen von Zeit und Raumzeit entsteht aus der Sicht der Autoren ein großer theoretischer Druck, einen einheitlichen, *konsistenten* Begriff von Raum und Zeit zu finden.
Da nun nach der ART jede Energieform der Gravitation unterliegt und damit ein *Gravitationsfeld* erzeugt, wird dieses Feld in der ART als klassisches dynamisches Feld behandelt, derzeit dargestellt durch eine Metrik der kontinuierlichen Raumzeit.

Da dynamische Felder gemäß der Quantenmechanik aber Quanteneigenschaften besitzen, können Quantentheorie und ART in dieser Form nicht unabhängig voneinander bestehen.

Um genau diesen Widerspruch zu überwinden, strebt man nach einer Theorie der *Quantengravitation*.

Setzt man nun die universelle Gültigkeit der Quantenmechanik voraus, so liegt es nahe, das *Gravitationsfeld* zu quantisieren.

Die Quantenfeldtheorien, mit denen man gemeinhin das Verhalten dynamischer Quantenfelder beschreibt, setzen jedoch für die Definition ihrer Operatorfelder einen Hintergrundraum, also eine Hintergrund-abhängigkeit mit *fester* Metrik voraus. Sie übersehen also die Hintergrund-*un*abhängigkeit der ART, und so kommen die Quantenfeldtheorien in ihrer herkömmlichen Form – so auch die Meinung von Hedrich – nicht für die Erfassung einer *dynamischen* Quantengeometrie in Frage.

R. Hedrich schreibt dazu: „Da das Gravitationsfeld in der ART durch die Metrik der Raumzeit repräsentiert wird, entspricht dessen Quantisierung dann letztlich einer *Quantisierung der Metrik*. Somit wären der Raumzeit *selbst* Quanteneigenschaften zuzusprechen". Und später: „Damit zeichnet sich schon ab, dass eine direkte Quantisierung der Gravitation durch eine Quantisierung der ART – und mithin eine Quantisierung der Raumzeit selbst (beziehungsweise ihrer Metrik) – kaum als unproblematischer Weg hin zu einer Theorie der Quantengravitation gesehen werden kann, wenn diese Quantisierung unter Anwendung gewöhnlicher Quantisierungsverfahren erfolgt". Als Problem sieht Hedrich nämlich, dass eine *hintergrundabhängige* Quantisierung einer hintergrund-*un*abhängigen Theorie wohl scheitern muss [4].

Cl. Kiefer erwähnt ergänzend eine Reihe neuerer Versuche, bei denen auffällt, „dass es sich fast ausschließlich um diskrete Zugänge handelt, die also von vornherein die Vorstellung einer kontinuierlichen Raumzeit (beziehungsweise eines solchen Raumes) aufgeben". Ansätze dazu sind etwa die Schleifenquantengravitation, die Quantentopologie, die nichtkommunikative Geometrie, die Gruppenfeldtheorie, die Kategorientheorie, die Theorie der kausalen Mengen oder der Spin-Schaum, um nur einige zu nennen.

Und weiter sagt Kiefer: „Von diesen Strukturen wird verlangt, dass sie dynamisch sind und keines festen Hintergrundes mehr bedürfen" [3].

Fasst man diese Aussagen von Kiefer und Hedrich zusammen, lässt sich folgendes feststellen:

- Die unterschiedlichen Zeit- und Raumzeitbegriffe aus Quantenphysik und Quantenfeldtheorien und der ART sind essenziell und warten auf eine Auflösung der Inkonsistenzen.
- Wir brauchen deshalb eine Theorie der Quantengravitation, die Quantenphysik und ART zusammenbringt.
- Es gibt bisher trotz verschiedenster Versuche keinen erfolgreichen Ansatz, der zu Raum-, Zeit- oder Raumzeitquanten geführt hat.
- Die Hintergrundunabhängigkeit der ART stellt ein Problem bei der Quantisierung der Raumzeit dar. Aber genau dieses Problem könnte – so meine Auffassung – möglicherweise einen Hinweis liefern, wo mit der Suche nach einer Theorie der Quantengravitation ~~zu~~ anzusetzen wäre.

3. Der einzige gut bekannte Quantenbaustein in der Physik als Gamechanger

Die trotz intensiver Arbeiten bisher erfolglose Suche nach einem passenden „Quantenbaustein" zum Thema Raumzeit lässt vermuten, dass es ihn ganz einfach nicht gibt. Denn ein derartiger Baustein würde in der Physik zwangsläufig eine so elementare Rolle spielen, dass er längst hätte auffallen müssen. Oder er wurde – aus welchen Gründen auch immer – bisher übersehen. Verändert man jedoch das Raumzeitkontinuum hin zu einer gequantelten Metrik und sucht nach einem bekannten Baustein, so stößt man bei dieser Suche nach einem Quantenbaustein, der gut bekannt ist und gleichzeitig eine elementare Rolle spielt, auf das Planck´sche Wirkungsquantum h (s. Kap. 11). Seit über hundert Jahren ist dieses Quantum ein wichtiger Bestandteil der Physik. Es ist auch Grundlage der Heisenbergschen Unschärferelation.
Deren Unschärfe betrifft sowohl das Produkt aus Weg und Impuls als auch das Produkt aus Energie und Zeit (s. Abbildung 1). Und es ist keine Messung möglich, die einen genaueren Wert als das Planck-Quantum ergibt.
Diese gequantelte Wirkung ist tatsächlich der einzige gut bekannte „Quantenbaustein" der Physik. Warum nur wurde er bisher überhaupt nicht für die Suche nach der Quantengravitation in Betracht gezogen?

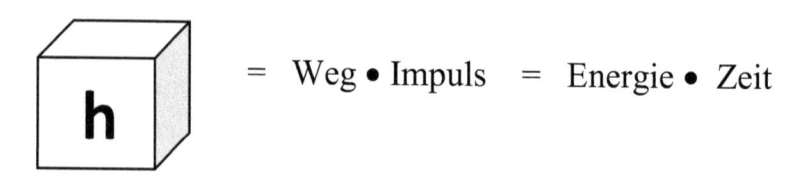

$$\boxed{h} = \text{Weg} \bullet \text{Impuls} = \text{Energie} \bullet \text{Zeit}$$

Abbildung 1: Das Plancksche Wirkungsquantum h wird durch das Produkt aus Weg und Impuls oder das Produkt aus Energie und Zeit charakterisiert.

Weil er nicht die Größe „Raum" beinhaltet, oder weil er inhaltlich über die Raumzeit hinausgeht und weil in ihm Impulse *und* Energien eine Rolle spielen? Oder gab es noch andere Gründe, aus denen er als potenzielle Lösung ständig übersehen wurde? Denn schließlich erfüllt er doch schon ansatzweise die Forderung nach einer gequantelten, dynamischen Raumzeit, indem er eine gequantelte und gleichzeitig dynamische Wegzeit (statt Raumzeit) als Möglichkeit beinhaltet. Warum also übersah die etablierte Physik bisher diese eigentlich naheliegende Möglichkeit?

4. Nicht die Energie ist in Wirklichkeit gequantelt, sondern die Wirkung (= Energie x Zeit)

Einen wichtigen Anhaltspunkt für die Diskussion dieser Frage liefern die in der Quantenmechanik verwendeten *Formeln*. In einer Diskussion mit dem Quantenphysiker Professor Dieter Schuch (Universität Frankfurt) über seine Arbeiten wurde folgendes deutlich: Schuch war bei seinen Forschungsarbeiten aufgefallen, dass Systeme mit irreversibler Dynamik, wie wir sie täglich wahrnehmen, durch sogenannte *phänomenologische* Gleichungen – also Gleichungen der Makrophysik – beschrieben werden, während die Formeln der Quantenmechanik ausschließlich eine *reversible Mikrodynamik* beschreiben. Mit der Folge, dass darin auch kein *Zeitpfeil* existiert.

In seinen Versuchen, zusammen mit anderen Wissenschaftlern herauszufinden, auf welche Weise der Übergang von der reversiblen Mikrodynamik zur irreversiblen Makrodynamik erfolgt, also ein Zeitpfeil entstehen kann, stieß Schuch auf Probleme mit den *Hamilton-Operatoren* in der Quantenmechanik, denn die Mathematik der Hamilton-Gleichungen beruht nun einmal darauf, dass in den betrachteten Quantensystemen die Energie eine Erhaltungsgröße ist, also Zeit keine Rolle spielt.
Schuch suchte nach einem Ausweg und wählte einen Übergang von der etablierten linearen Schrödinger-Gleichung zu einer *nichtlinearen* Fassung.

Damit war die Energie des betrachteten Systems aber keine Erhaltungsgröße mehr und die Hamilton-Funktionen passten nicht mehr. Stattdessen ergab sich durch Verwendung von anderen geeigneten mathematischen Gleichungen eine *dynamische Invariante*, die einer Wirkungsgröße als Erhaltungsgröße gleichkam [6]. Schuch wurde klar, dass die Quantenmechanik seit Schrödinger mit gequantelten *Energiezuständen* arbeitet, obwohl ja eindeutig die *Wirkung* gequantelt ist – und nicht die Energie! Damit sind aber offensichtlich die bisher verwendeten Hamilton-Funktionen nicht so grundlegend für die Quantenmechanik, wie sie bisher verwendet werden. Das bedeutet nichts weniger, als dass die Quantenmechanik grundlegend zu reformieren ist.

Der Hintergrund dieser Problematik ist eigentlich recht einfach zu beschreiben: Die bekannte Grundgleichung für das Planck'sche Wirkungsquantum h heißt

(1) $\quad E = h \cdot \nu$

mit E = Energie und ν = Frequenz. Bei einer gegebenen Frequenz (Dimension 1/sec) existieren tatsächlich feste Energiequanten und die Zeit spielt keine Rolle mehr. Erst bei *unterschiedlichen* Frequenzen ergeben sich unterschiedliche Beträge von Energiequanten, und erst dann wird deutlich, dass das eigentlich Gequantelte die *Wirkung* ist – und nicht die Energie.

Hedrich bestätigt indirekt diese Überlegungen, indem er zusätzlich beschreibt, dass dies auch daran liegt, dass in der Quantenmechanik die Zeit nicht einmal als physikalische Observable, sondern nur als Hintergrundparameter behandelt wird. Der Zeit entspricht in der Quantenmechanik kein quantenmechanischer Operator. Um daher die ART mit ihrer dynamischen Zeit mit der Quantentheorie zu verbinden, „deutet sich hier die Notwendigkeit einer konzeptionellen oder modelltheoretischen Modifikation der Quantenmechanik an." [4]

Zusammengefasst lässt sich sagen: Die *Zeit* spielt derzeit in der Quantenmechanik keine Rolle! Und so wird in der Quantenphysik also mit Energiequanten gearbeitet, obwohl das wirklich Gequantelte eindeutig die *Wirkung* (= Energie • Zeit) ist.

So steht die mathematische Beschreibung der Quantenphysik auf einer eigentlich nicht korrekten Basis, nämlich der von *Energiequanten* und nicht der von *Wirkungsquanten*. Die Folge dieser „Ungenauigkeit" ist, dass mit dem bisherigen Denken in der Quantenmechanik ein Lösungsansatz zu einer Quantengravitation auf der Basis des einzig bekannten Quantums, des Planck-Quantums, verbaut ist – er wird einfach nicht gesehen.

Die Herausforderung an die Physik, die daraus resultiert, ist erheblich: Dringend notwendig wäre eine Überarbeitung der Quantenmechanik – so die übereinstimmende Meinung von Schuch und Hedrich. Es gilt also, die Strukturen des bisherigen Denkens zu verlassen und nach neuen Wegen zu suchen, die die Quantelung der Wirkung statt der Energie mehr in den Vordergrund rücken würden.

Mit dieser zusätzlichen Forderung lag es nun nahe, einen Lösungsansatz zu wählen, der statt einer gequantelten Raumzeit erstmals das Plancksche Wirkungsquantum in das Zentrum der Überlegungen rückt, also über die gequantelte Wirkung den Weg zu einer *Theorie der Quantengravitation* zu gehen. Es war verwunderlich, dass dies bisher noch nicht versucht wurde.

Die Frage war nun, ob sich die Vermutung eines dynamischen, quantisierten Feldes auf der Grundlage des Planck-Quantums aus dem *vorhandenen* Wissen der Physik ableiten ließ und sich damit als belastbare Theorie erweisen würde. Damit war das *Ziel* der folgenden theoretischen Untersuchungen definiert. Es blieb die Frage nach dem *Weg* dorthin. Es zeigte sich, dass der Weg zur Lösung mit der *Zeit* zu beginnen hat.

5. Die Physik und die Zeit: Fragen über Fragen

Beschäftigt man sich mit dem Thema *Zeit*, so wird man feststellen, dass gerade dort im physikalischen Weltbild große Inkonsistenzen existieren und diese wiederum in den Diskussionen zur Quantengravitation eine zentrale Rolle spielen (s. Abschnitt 2: Warum brauchen wir eine Theorie der Quantengravitation).

Das etwas überraschende Ergebnis ist dabei, dass das Phänomen „Zeit" in der Physik auch nach Jahrhunderten der Forschung immer noch voller Rätsel und Ungereimtheiten ist. Offenbar braucht es grundlegende neue Ideen, um dieses Phänomen besser zu verstehen und damit umzugehen.

Bei den folgenden Untersuchungen sollte sich sogar zeigen, dass auch die Zeitfragen noch einmal völlig neu aufzurollen sind, denn erst dann wurde eine Verbindung zu einem dynamischen Quantenfeld deutlich. Weiter zeigte sich, dass auf dem Weg zur Lösung tatsächlich so manche Narrative in der Physik korrigiert werden mussten, die sich als Hindernisse in den Weg stellten.

Was ist also Zeit?

Studiert man die mathematischen Gleichungen der Physik, die mit dem Thema „Zeit" zu tun haben, so wird man feststellen, dass nahezu sämtliche Gleichungen im derzeitigen Standardmodell der Physik zeitumkehrinvariant sind, dass in ihnen „Zeit" also sowohl vorwärts als auch rückwärts laufen kann, was unserer Wahrnehmung völlig widerspricht. Als einzige Ausnahme finden wir in den Gleichungen der Physik einen Zeitpfeil beim Thema *Entropie*, d.h. bei der Beobachtung, dass in abgeschlossenen Systemen ohne Austausch mit der Umgebung grundsätzlich Gleichgewichtszustände mit niedrigerer Ordnung angestrebt werden. Das ist der berühmte 2. Hauptsatz der Thermodynamik.

Haben wir z.B. in einem geschlossenen System einen Behälter mit warmem und kaltem Wasser, so wird sich unweigerlich ein Gleichgewichtszustand einstellen, bei dem die Wärme des warmen Wassers auf das kalte Wasser übergeht, bis sich ein gleichermaßen lauwarmes Wasser ohne Temperaturgradient gebildet hat. Den umgekehrten Vorgang wird man nie beobachten.

Aber es gibt – schaut man genauer hin – in der Physik noch einen anderen Zeitpfeil, und zwar die zeitliche Ausdehnung des Universums (kosmologischer Zeitpfeil), die nach dem Urknall – so die Theorie – durch eine „dunkle Energie" gespeist wird. Nur weiß man bisher nicht, was das ist.

Zeitpfeile gibt es auch *außerhalb* der Physik. Man denke an den Zeitpfeil der Evolution (Aufwärtsentwicklung zu immer komplexeren Strukturen) und auch an unsere *psychische* Wahrnehmung, dass die Zeit fließt (psychologischer Zeitpfeil).

Und – eigentlich unglaublich – es kommt die Dreiteilung der Zeit in Vergangenheit, Gegenwart und Zukunft in der Physik bisher nicht vor, obwohl täglich ca. 8 Milliarden Menschen dies so erleben.

Aber es scheint die Physik nicht zu beunruhigen, dass ihr Weltbild dort, wo sie uns die Welt erklären soll, zumindest beim Thema „Zeit" in der Realität versagt. Die Physik kennt bis heute kein fließendes „Jetzt" zwischen Vergangenheit und Zukunft – ein weiteres wichtiges Indiz, dass unser aktuelles physikalisches Weltbild noch so manche Lücken und Ungereimtheiten aufweist.

Auch für die Beobachtung, dass *Bewegungen im Raum* mit Geschwindigkeiten (relativ zu was?) und unter dem Einfluss von Beschleunigungen wie die der Gravitation – auf der Erde geht die Zeit langsamer als in einem Ballon hoch in der Luft – ganz real den Ablauf der Zeit beeinflussen (Zeitdilatation), hat die Physik bisher keine tiefer gehende Erklärung gefunden. Irgendein Mechanismus, wie die Natur das macht, ist nicht bekannt – ein weiteres großes Rätsel. Wie also macht das die Natur?

Ein weiterer Aspekt ist, dass jeder Bewegung eigentlich eine *Beschleunigung* vorausgeht, also beide Vorgänge eng miteinander verknüpft sind. So stellt sich die Frage, ob es tatsächlich zwei verschiedene Ursachen sind, die die Zeit dilatieren lassen.

Sodann zeigt sich das nächste Problem: Dieser unterschiedliche Ablauf, dieses Dilatieren der Zeit, was letztendlich alle Systeme und damit auch jeden Menschen betrifft, führt schlussendlich in dem etablierten Modell der Physik dazu, dass jeder Mensch in seiner *eigenen* Zeit lebt – man nennt es *Eigenzeiten*. Für jeden Menschen ist nämlich, abhängig von Bewegungen und Beschleunigungen, tatsächlich unterschiedlich viel Zeit vergangen.

Ein berühmtes Gedankenbeispiel hierzu ist das sogenannte *Zwillingsparadoxon*: Ein Zwilling lebt auf der Erde, der andere unternimmt eine Reise mit einer Rakete in den Weltraum – mit einer Geschwindigkeit nahe der Lichtgeschwindigkeit. Das Paradoxon besteht nun darin, dass der reisende Zwilling bei der Rückkehr auf die Erde weniger gealtert ist als sein Geschwister. Bei einer Reisedauer von 20 Jahren (nach irdischen Maßstäben) und einer Reisegeschwindigkeit von 80 % der Lichtgeschwindigkeit wären für den Reisenden beispielsweise nur 12 Jahre vergangen, er wäre also bei der Rückkehr 8 Jahre jünger als sein Geschwister. Nicht das Reisen macht also jünger, sondern es vergeht bei der Bewegung tatsächlich weniger Zeit. Konnte z.B. der Erdenzwilling 20 Jahre lang einen ganzen Bücherstapel durchlesen, hätte der Astronaut bei identischem Lesetempo erst 60 % der Bücher gelesen.

Warum ist das ein Problem? Nun, Eigenzeiten bedeuten in der Physik bisher, dass keine gemeinsame Gleichzeitigkeit existiert. Wie kann es dann aber sein, dass sich die Zwillinge in demselben Moment – also in einer gemeinsamen Gleichzeitigkeit – beim Abschied die Hände geben und beim Wiedersehen ebenfalls, also in einer gemeinsamen Gleichzeitigkeit, obwohl ja für beide verschiedene Zeiten abgelaufen sind. Schon wieder eine grundsätzliche Frage, auf die die etablierte Physik keine Antwort hat.

Ein anderes Beispiel ist der Vater, der sein Kind auf einer Schaukel immer wieder anstößt. Bewegungen und Beschleunigungen des Kindes führen dazu, dass die Zeit für das Kind ein wenig langsamer verläuft als für den Vater (s. Abbildung 2). Und trotzdem sind sie im Moment des Anstoßens jedes Mal in derselben Zeit.

Macht man nun gedanklich die Intervalle des Anstoßens immer kürzer, bis sie infinitesimal klein sind, kommt es tendenziell zu einer permanenten Gleichzeitigkeit – also zu individuellen Eigenzeiten bei gemeinsamer Gleichzeitigkeit. Das aber kann das derzeitige Modell der theoretischen Physik nicht erklären, zumal danach bei uns

Menschen die Arme und Beine, die viel mehr bewegt werden als unser Rumpf, in einer anderen Zeit als unser Restkörper sein müssten.

Abbildung 2: In diesem Beispiel stößt ein Vater sein Kind auf einer Schaukel immer wieder an. Aufgrund der Bewegungen und Beschleunigungen und der daraus folgenden Zeitdilatation verläuft die Zeit für das Kind langsamer als für den Vater, und trotzdem sind sie beim Anstoßen immer wieder in derselben Gleichzeitigkeit.

Gibt es also – entgegen den etablierten Modellen der Physik – doch eine universelle, objektive Gleichzeitigkeit im Universum? Aber wie könnte das funktionieren, wenn unterschiedliche Zeiten vergangen sind? Hier Eigenzeiten, dort eine gemeinsame Gleichzeitigkeit? Das ist das Paradoxon, das es zu lösen gilt – auch wenn es auf den ersten Blick unmöglich erscheint.

Ein weiteres großes Problem mit der Zeit hat die Physik bei der *Entropie*, denn überall im Universum existieren Gebilde von enorm hoher Struktur. Gemäß der Urknalltheorie war am Anfang der Feuerball aber in einem thermischen Gleichgewicht, und für ein damals winziges Universum stellte der Feuerball eigentlich einen Zustand maximaler Entropie dar. Zusammen mit der Expansion wurden jedoch allein durch die Gravitation massenweise Strukturen gebildet. Hier wird ein Widerspruch sichtbar, denn zum einen erhöht sich zeitabhängig die Information im Weltall ($dI/dt > 0$, I=Information), zum anderen müsste gleichzeitig die physikalisch definierte Unordnung ($dS/dt > 0$, S=Entropie) nach Layzer zunehmen [7]. Im Jahr 2007 schätzte Lloyd die Informationsmenge des Universums bereits auf eine Größenordnung von 10^{123} Bits [8]. Das ist eine unglaublich große Informationsmenge, die noch stetig ansteigt. Wie passt das mit dem 2. Hauptsatz der Thermodynamik zusammen? Ist unser Universum vielleicht gar kein geschlossenes System?

Gegen einen einseitigen Entropiebegriff spricht auch ein anderer Zeitpfeil, nämlich der *Zeitpfeil der Evolution lebendiger Systeme* hin zu immer höheren Strukturen. Diese Systeme sind im Unterschied zu geschlossenen Systemen *Nichtgleichgewichtssysteme* – sie nehmen Energie und Materie aus der Umgebung auf, nicht um einseitig die Zunahme von *Unordnung* zu beschleunigen, sondern meist, um eine höhere *Ordnung* herzustellen.

Mit dieser Beobachtung drängt sich eine neue wichtige Frage auf, die in der Physik nur selten diskutiert und eher in die Philosophie verdrängt wird: Existiert in der Natur bei zeitabhängigen Prozessen neben dem Drang zur Unordnung etwa gleichzeitig – bei offenen Systemen und bei genügend Energie- und/oder Materiezufuhr – ein Drang zur Ordnung? Gibt es demnach zwei Prinzipien in der Welt – einen Drang zur Ordnung und einen Drang zur Unordnung? Leben wir in einer Welt der Dualität?

Wie sich hier zeigt, steigt mit diesen Fragen die Komplexität der Suche nach Lösungen. Muss sich also die Physik den Gesetzmäßigkeiten der Biologie und denen der komplexen Systeme öffnen, wenn sie die Welt richtig beschreiben will? Das wäre neu, denn die Physik hat „das Leben" bisher völlig außer Acht gelassen. So steht die Physik wohl unausweichlich vor der Aufgabe, *interdisziplinär* zu werden.

6. Festlegung der Forschungsstrategie

Angesichts der Fülle grundsätzlicher Fragen wurde rasch klar, dass eine Klärung von Details, an denen viele Forschergruppen arbeiten, nicht ausreichen würde, sondern dass etwas Fundamentales im etablierten Denken der Physik zu ändern wäre.

Im nächsten Schritt galt es daher, die Vorgehensweise zu definieren, d.h. Theorien und Erkenntnisse auszuwählen, die gesichert und zuverlässig sind, dann darauf aufbauend neue Ideen zuzulassen und gängige Narrative in Frage zu stellen, um dann zu sehen, ob sich neue Denkmöglichkeiten auftun würden. Für diese Sichtung wählte ich folgende 5 anerkannte Theorien und Phänomene der Physik aus, darunter auch die noch recht neue Entdeckung des Higgs-Feldes:

- Die Konstanz der Lichtgeschwindigkeit im Vakuum.

- Die Allgemeine Relativitätstheorie (in der Folge ART genannt).

- Die Erkenntnisse der Quantenphysik.

- Die Entdeckung des Higgs-Feldes.

- Der 2. Hauptsatz der Thermodynamik für geschlossene Systeme.

7. Die Konstanz der Lichtgeschwindigkeit

Die Konstanz der Lichtgeschwindigkeit lässt sich am einfachsten so beschreiben: Unabhängig von meinem Bewegungszustand messe ich in alle Richtungen immer dieselbe Lichtgeschwindigkeit; sie beträgt im Vakuum ca. 300.000 km/sec.
Beschäftigt man sich intensiver mit diesem Thema, stellt man fest: Die einzig mögliche Erklärung für dieses Phänomen ist, dass die Bewegung im Raum etwas mit der Zeit macht – aber nicht nur das: Sie verkürzt in bewegten Systemen in Bewegungsrichtung simultan (!) auch noch *Längen*. Raum und Zeit verändern sich also simultan; sie lassen sich seit dieser Beobachtung nicht mehr voneinander trennen. Man spricht deshalb ab diesem Zeitpunkt von der *Raumzeit*. Diese weist im bisherigen Modell keinerlei Quantelungen auf. Man spricht deshalb auch vom *Raumzeitkontinuum*.

Bei den *simultanen* Veränderungen von Zeit und Längen ist auch heute noch die Frage, relativ zu was ich mich bewege. Relativ zu anderen Inertialsystemen, das wäre die *Spezielle Relativitätstheorie* (SRT) nach Einstein. Aber dann wäre noch zu klären, dass sich relativ zu mir ja auch andere Inertialsysteme bewegen würden und sich daraus keine reale (= ontologische) Veränderung der Zeit bei mir ableiten ließe, denn wenn alle Systeme zeitdilatiert sind, ist *real keins* zeitdilatiert. Einsteins Lehrer H. Minkowski fügte dann über ein Hintertürchen die Bewegung im Raum hinzu, sodass – wie beim Zwillingsparadoxon – entscheidbar war, wer sich bewegt hatte. Das ist die SRT in der heutigen Form.

Die Alternative, die immer wieder diskutiert wurde, aber dann fallen gelassen wurde, als sich die SRT durchsetzte, ist die sogenannte *Äthertheorie von Lorentz und Poincaré*, die – analog zu Newton – ein absolutes Bezugssystem definiert, auf das sich eine Bewegung bezieht. Dieser sogenannte *Äther* wurde aber nie gefunden, und damit ließ die Physik das absolute Bezugssystem fallen.

Eine Publikation von Th. Filk und D. Giulini [9] zeigt allerdings, dass beide Theorien dieselben Formeln benutzen.
Die Autoren kommen daher zum Schluss, dass damit aus den experimentellen Beobachtungen bis heute eigentlich nicht zu entscheiden ist, ob es nicht doch ein absolutes Bezugssystem gibt – und damit einen *relativistischen Äther*, woraus immer er auch besteht!

8. Die Äther-Diskussion und das Higgs-Feld

Sogar Albert Einstein erwähnte in einem Vortrag zu seiner Allgemeinen Relativitätstheorie (ART), die den Einfluss von Beschleunigungen wie die Gravitation auf Zeit und Raum beschreibt: „Gemäß der allgemeinen Relativitätstheorie ist ein Raum ohne Äther undenkbar" [10].
Der Nobelpreisträger und Quantenphysiker R. Laughlin spricht ebenfalls von einem Äther, wenn er das ubiquitär existierende Quantenvakuum beschreibt: „Die moderne, jeden Tag bestätigte Vorstellung des Raumvakuums ist ein relativistischer Äther. Wir nennen ihn nur nicht so, weil das tabu ist" [11].
Das klingt verwirrend und nährt den Verdacht, dass der Name Albert Einstein ausreicht, um von der etablierten Physik jede Idee zu einem absoluten Bezugssystem abzulehnen. Die Idee eines solchen Bezugssystems wird nämlich neuerdings zusätzlich durch die Entdeckung des Higgs-Teilchens stark gestützt.
Bei Betrachtung dieser neuen Higgs-Theorie und des damit assoziierten Skalarfelds fällt denn auch auf, dass dieses skalare (=gleichmäßige) Feld offenbar das gesamte Universum ausfüllt und etwas bedeutet, was bisher kein anderes Feld in der Physik beschreibt: Nichts wird angezogen oder abgestoßen, aber es wird Partikeln schwer gemacht, in eine Bewegung zu kommen oder abzubremsen. Dafür müsste ein Partikel also *relativ zum Feld* beschleunigt werden. Weiter postuliert diese Theorie, dass die Trägheit von Teilchen durch die Wechselwirkung mit diesem Feld hervorgerufen wird und dies mit der Masse der Partikel gleichzusetzen ist.

Damit liegt aber die Vermutung nahe, dass es aufgrund der Wechselwirkungen genau dieses Feld sein könnte, das die ontologischen Änderungen in Zeit und Längen hervorruft. Ist das Higgs-Feld etwa identisch mit dem absoluten Bezugssystem (= Äther)? Ist dieses skalare Higgs-Feld der lang gesuchte Äther? Alles spricht dafür.
Mit dieser Vermutung werden neue Ideen, neue physikalische Gedankenwelten möglich. Gegen die Auffassung der etablierten Physik galt es an diesem Punkt der Arbeiten tatsächlich – zu viele Erkenntnisse zeigten in diese Richtung – die Suche nach dem ominösen Äther neu zu beginnen und seine Existenz zu postulieren: Es muss eine Art Äther geben, woraus immer auch er bestehen würde! Dies war der erste Schritt weg von der etablierten Physik. Und er sollte sich als wichtig erweisen.
Als nächstes galt es, die essenziellen Aussagen in Einsteins ART zum Thema Zeit zu erörtern.

9. Einstein Allgemeine Relativitätstheorie (ART) und ihre Hintergrund*un*abhängigkeit

In seiner ART beschreibt Einstein die Wirkung von Beschleunigungen auf Zeit und Raum: Zeit wird dilatiert und Raum gekrümmt. Einen Mechanismus, wie die Natur das macht, formuliert er nicht. Er beschreibt nur den *Effekt*. Und das ist eine nächste offene Frage in der theoretischen Physik. *Raum und Zeit* sind nun aber nicht mehr die Bühne, auf der sich alles abspielt, sondern die Auswirkungen von Beschleunigungen verändern die Bühne. Die Raumzeit wird unweigerlich mit Kräften wie die der Gravitation verbunden. Materie, Kräfte und die Raumzeit sind nun nicht mehr zu trennen. Man nennt dies – wie bereits mehrfach erwähnt – *Hintergrundunabhängigkeit*.

Eine neue, recht einfache Idee lag damit nahe, auch wenn sie die derzeitige Physik grundsätzlich in Frage stellen würde: Sollte eine Art Äther existieren und gleichzeitig die Raumzeit in den Auswirkungen untrennbar mit den in ihr bewegten bzw. beschleunigten Systemen und damit alles miteinander verknüpft sein, dann führt das automatisch zum Schluss, dass alles zusammen (Raum und Zeit, Kräfte und Materie und Bewegungen) Teil oder Ausdruck eines absoluten Bezugssystems sein müsste, also des ominösen Äthers.

Dieser Gedanke ist neu – man betritt nun das nächste physikalische Neuland, eine Art „terra incognita": Das Universum mit allem, was darin ist, wäre dieser ominöse Äther, als ein absolutes Bezugssystem? Damit wäre ein völlig anderer Äther gedacht und definiert als der, der bisher diskutiert wurde.
Ein derartiger Äther würde gleich mehreres bedeuten: Erstens wäre es nun eine Bewegung oder Beschleunigung relativ zu einem absoluten Bezugssystem, welche die Zeitdilatationen hervorruft. Und es wäre zweitens ein Bezugssystem, das aus allem besteht, was wir kennen.

Im Vergleich zur alten Äthertheorie und zu Einsteins SRT existiert also tatsächlich eine dritte Möglichkeit als Ursache für Zeitdilatationen oder Längenkürzungen – eine Art Äther, der aus dem gesamten Universum besteht, mit allem, was darin existiert. Sollten hier Antworten auf die fundamentalen Fragen zu entdecken sein? Diese Vorstellung von einem Äther, der aus allem besteht, was das Universum ausmacht, wäre die nächste Abkehr von dem etablierten Denken der Physik.

Die Aufgabe war jetzt, die Substanz und die Eigenschaften eines derartigen „Äthers" zu definieren:

- Er müsste ein Skalarfeld sein, das als absolutes Bezugssystem fungiert.
- Dieses Skalarfeld müsste zusätzlich einen Mechanismus beinhalten, der bei Bewegungen bzw. Beschleunigungen dynamische Veränderungen von Zeit und Längen incl. Raumkrümmungen hervorruft.
- Er müsste der Hintergrundunabhängigkeit von Einsteins ART entsprechen und diese erklären.

Diese Anforderungen an ein Skalarfeld führten als nächsten Schritt direkt zur Quantenphysik, in der Vakuumfluktuationen und der Casimir-Effekt zeigen, dass das Vakuum nicht leer ist, sondern permanent „brodelt". Bei diesem Effekt ziehen sich beispielsweise Metallplatten auf geheimnisvolle Weise an, wenn sie sich im Vakuum bei einer Temperatur sehr nahe dem absoluten Nullpunkt extrem nah gegenüberstehen (ca. 0,5 Mikrometer). Es lässt sich zeigen, dass jene Kraft, die nun die Platten zusammenschieben will, von quantenmechanischen Schwankungen des Vakuums herrührt.

Einsteins Hintergrundunabhängigkeit taucht also auch in der Quantenphysik auf, denn Bühne und Kräfte sind auch dort nicht zu trennen. Das weckte die Hoffnung, endlich einen Bezug zur Quantengravitation, zur Verbindung von ART und Quantenphysik zu finden.

Über diesen „Äther" könnten vielleicht auch Fragen zur „Zeit" geklärt werden, z.B.

- der Mechanismus der Zeitdilatation und der gleichzeitigen (!) Veränderung von Längen bzw. den der Raumkrümmung,
- die universelle Gleichzeitigkeit trotz unterschiedlicher Eigenzeiten, sowie
- die Dreiteilung der Zeit in Vergangenheit, Gegenwart und Zukunft.

Im nächsten, darauf aufbauenden Schritt wartete schon die nächste Überraschung, denn man stößt dort automatisch auf eine *Anisotropie*.

Auch das ist neu und wäre von elementarer Bedeutung.

10. Ein Skalarfeld und die Anisotropie der Zeitdilatation

Am Beginn der weiteren Überlegungen steht folgerichtig das Postulat eines Skalarfeldes, in dessen Urzustand kein Gradient und damit kein Richtungsvektor existiert und das als absolutes Bezugssystem fungiert. Nun wird Materie hinzugefügt, die relativ zum Feld beschleunigt und dadurch bewegt und beeinflusst wird.

Es ist nun die Wechselwirkung mit dem Skalarfeld, die in bewegten Systemen Veränderungen in Zeit und Längen bewirkt, sodass innerhalb des bewegten Systems Gradienten bzw. Richtungsvektoren erzeugt werden. Gleichzeitig lässt sich eine Ruheposition im Feld definieren.

In dieser Ruheposition befindet sich nun ein Beobachter, der ein relativ zu ihm bewegtes System beobachtet (s. Abbildung 3). Die folgenden Feststellungen gelten unter der Prämisse (s.o.), dass die beobachtete Lichtgeschwindigkeit immer den Wert c ergibt.

Betrachten wir nun die folgende Abbildung genauer: Ein Lichtstrahl, der im *bewegten* System (Geschwindigkeit v) in Bewegungsrichtung ausgesandt wurde, würde sowohl vom bewegten System als auch vom Beobachter mit derselben Lichtgeschwindigkeit c gemessen. Der Beobachter stellt gleichzeitig fest, dass sich der Lichtstrahl vom bewegten System mit der relativen Geschwindigkeit c − v wegbewegt.

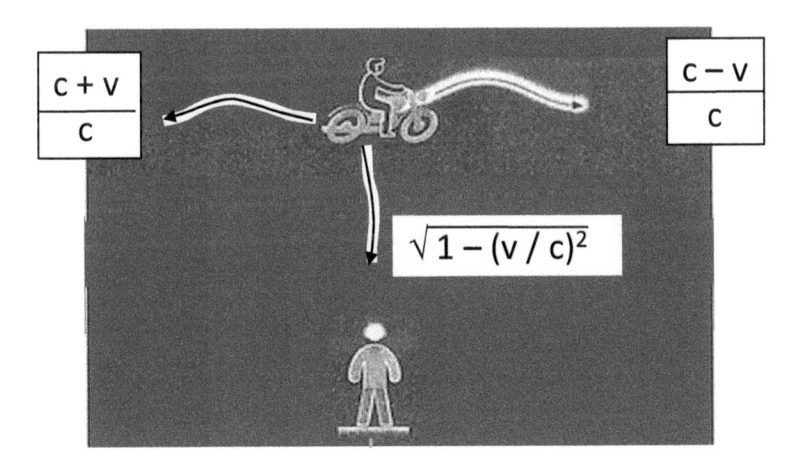

Abbildung 3: Ein Beobachter in der Ruheposition eines absoluten Referenzsystems, also einer Art "Äther", und ein sich bewegendes System (ein Mann auf einem Motorrad). Das sich bewegende System sendet Lichtstrahlen in verschiedene Richtungen aus.

Um beide Beobachtungen zusammen zu bringen, müssen Zeit und Längen im bewegten System (!) in Bewegungsrichtung um folgenden Faktor dilatiert bzw. gestaucht sein:

(2) $$\gamma_{(1)} = \frac{c - v}{c}$$

Ein Lichtstrahl, der *gegen* die Bewegungsrichtung ausgesandt wurde, würde automatisch um folgenden Faktor bzgl. Zeit und Längen zu korrigieren sein:

(3) $$\gamma_{(2)} = \frac{c + v}{c}$$

Für einen Lichtstrahl, der analog zu Einsteins Lichtuhr senkrecht zur Bewegung des Systems ausgesandt wird, würde der bekannte Lorentz-Faktor gelten:

(4) $$\gamma_{(3)} = \sqrt{1 - (v/c)^2}$$

Man erkennt, dass – sofern ein absolutes Bezugssystem postuliert wird – für ein bewegtes System automatisch eine Richtungsabhängigkeit, eine *Anisotropie* entsteht. Beschränken wir uns hier auf die *Zeit*, läuft im bewegten System in Bewegungsrichtung die Zeit langsamer und gegen die Bewegungsrichtung schneller.

Das erinnert an einen Schwimmer in einem Medium: In Bewegungsrichtung kämpft er gegen den Druck des Wassers, welches er verdichtet, und *gegen* die Bewegungsrichtung entsteht ein Unterdruck. Der Unterschied zum Schwimmer ist hier, dass diese Anisotropie *innerhalb* des bewegten Systems entsteht, und zwar in jedem Punkt des bewegten Systems.

Es ist eigenartig, dass diese Anisotropie in der Physik bei Betrachtungen zu absoluten Bezugssystemen bisher nicht diskutiert wird.

Dies mag daran liegen, dass sich bei näherem Hinsehen daraus folgende Konsequenz ergibt: Das Skalarfeld bewirkt mit seiner Wechselwirkung mit dem in ihm bewegten System nicht nur eine Veränderung von Zeit und Längen, sondern es muss *in jedem Punkt* (!) dieses bewegten Systems diese Anisotropie hervorrufen. Das würde dann aber auch bedeuten, dass in jedem Punkt von uns selbst, also in unseren Körpern, die Zeit in Bewegungsrichtung anders läuft als gegen diese Bewegung – eigentlich undenkbar. Der einzige denkbare Ausweg war – wie schon beim Schaukelbeispiel angedacht – dass es trotz unterschiedlicher Eigenzeiten eine gemeinsame Gleichzeitigkeit geben müsste.

Das wiederum würde folgerichtig bedeuten, dass *die Zeit* nicht *allein* entscheidend für den Lauf der Zeit ist, sondern dass irgendetwas zusätzlich hinzukommt, das irgendwie eine Gleichzeitigkeit bewirken kann – eine Gleichzeitigkeit, die im Idealfall vielleicht sogar zu einem gemeinsamen *Jetzt* führen könnte, und damit zur *Dreiteilung* der Zeit. Eigentlich war es ein verrückter Gedanke, aber es war dieser Aspekt einer gemeinsamen Gleichzeitigkeit und der Dreiteilung der Zeit, der es wertvoll erschienen ließ, diese Idee weiter zu verfolgen.

Es waren schließlich zwei Gedanken, die mich auf den Weg zu einer Lösung brachten, auch wenn sie nicht gerade nach theoretischer Physik klingen: Der eine Gedanke betraf den *Hausbau*: Beim Bau einer Mauer wird ein Stein neben den anderen gesetzt. Nun kann es durchaus sein – wenn das Material der Steine nicht immer identisch ist – dass in einem Stein etwas mehr von einem Material wie z.B. Beton ist, im anderen weniger, und doch sind beide gleich groß, weil dafür der *andere* Stein z.B. mehr Kies enthält. Nach dieser Metapher wäre die *Zeit* tatsächlich nicht allein zeitbestimmend. Stattdessen könnte jetzt die Zeit gemeinsam mit etwas Anderem, das noch zu definieren wäre, den *Lauf der Zeit* bestimmen; denn nur so wäre eine gemeinsame Gleichzeitigkeit bei individuellen Eigenzeiten möglich.

Der *zweite* Gedanke kam bei der Beobachtung des Katzenfells unserer Katze Emily. Er betrifft die *Anisotropie*: Ein Katzenfell besteht aus einer Vielzahl einzelner Haare. Streichelt man *gegen* den Strich, spürt man einen deutlich größeren Widerstand, als wenn man die Katze *mit* dem Strich streichelt. Jedes einzelne Haar trägt zur Anisotropie bei, d.h. in jedem einzelnen Haar ist diese Anisotropie gegenwärtig.

In Analogie zum Katzenfell folgt daraus, dass das Skalarfeld aus vielen kleinen einzelnen Elementen (Bausteinen) besteht, was eine theoretische Quantisierung des Skalarfelds bedeutet – wie es ja eigentlich auch das Ziel für eine Theorie der Quantengravitation war.

Die neue Erkenntnis war: Es muss sich also um ein Skalarfeld handeln, das aus einzelnen Quanten besteht, innerhalb derer Anisotropien möglich sind und auch auftreten müssen, sobald dynamische Vorgänge oder auch elektromagnetische Spannungen einwirken. Die Quantisierung eines Feldes bedingt unausweichlich die Existenz dieser Anisotropien. Dieser Aspekt wurde in der Physik der Quantengravitation bisher nicht diskutiert.

Damit war nun klar, woraus die Quanten des Skalarfelds bestehen müssen: Sie müssen die Größen Raum, Zeit, Masse oder Energie, Kräfte und Beschleunigungen/Bewegungen enthalten. Das wäre dann der oben bereits erwähnte Äther aus allem, was wir kennen, nur jetzt quantisiert.

11. Eine Matrix aus Wirkungsquanten ersetzt das Raumzeit-Kontinuum

Damit begann im nächsten Schritt die Suche nach einem geeigneten Quantenbaustein, der alle oben genannten Größen enthielt. Die Erwartung (s.o.) war, dass in der Physik dieser Baustein ein elementarer sein müsste, also von hoher Bedeutung für die Quantenphysik.

Das Problem ist, dass es in der Physik keinen Baustein mit den Größen N, m³, sec und kg gibt. Und auch der anfangs favorisierte Quantenbaustein des Planck-Quantums schien nicht zu passen; denn er weist die Dimensionen Nmsec auf.

Nun wird oft übersehen, dass jede Kraft mit einem Richtungsvektor verbunden ist. Anstatt Raum und Kraft reichen jetzt Weg und Kraft aus; denn ein Richtungsvektor verbunden mit einer Kraft spannt einen Raum auf. Gleichzeitig ist die Größe kg in N (=Newton) enthalten. Die Größe Newton lässt sich nämlich auch mit kgmsec² ausdrücken. Berücksichtigt man dies, so wird die Suche nach dem Baustein völlig verändert; denn ein Quantenbaustein mit den Größen $\vec{N}$, m und sec reicht nun aus, wenn man die Quantenbausteine dreidimensional in alle Raumrichtungen verknüpft und damit ein Richtungsvektor möglich wird.

Das war der denn auch der nächste entscheidende Schritt; denn damit erwies sich endlich der gesuchte Quantenbaustein als das Plancksche Wirkungsquantum h. Dieses Quantum ist das zentrale Element der Quantenphysik und taucht in fast jeder Formel der Quantenphysik auf. Es lautet:

(5) $h = 6{,}626 \times 10^{-34} \, kg \, m^2/sec = 6{,}626 \times 10^{-34} \, \vec{N}msec$

Mit diesem Ergebnis war tatsächlich – anstelle des „Äthers" gemäß Lorentz - nun ein „Äther" aus Wirkungsquanten definiert. In Abgrenzung zu ersterem wird er im folgenden als „Matrix aus Wirkungsquanten" bezeichnet.

Sollte diese Entdeckung stimmen, wären nicht nur das in der Physik verwendete Raumzeitkontinuum, sondern auch sowohl die Äthertheorie von Lorentz und Poincaré als auch die SRT von Einstein und Minkowski hinfällig. Das wäre die nächste Konsequenz für die theoretischen Modelle der bisherigen Physik: der Ersatz des Raumzeitkontinuums durch eine Matrix aus Wirkungsquanten.

Zu der räumlichen Eindimensionalität des einzelnen Quantenbausteins passt auch eine Beobachtung, die Kiefer [3] erwähnt. Danach zeigt sich bei Berechnungen zur Vierdimensionalität, dass auf kleinen Skalen im Bereich Planck´scher Größenordnungen zwei Raumdimensionen verschwinden.

Das würde die Interpretation stützen, dass erst durch Hinzufügen weiterer Quantenbausteine, die in alle Richtungen angelagert werden und dadurch einen Richtungsvektor entstehen lassen, ein Raum aufgespannt wird.

Es galt nun, dieses neue Modell der Matrix aus Wirkungsquanten, welches das bisher verwendete Modell der Physik mit ihrem Raumzeitkontinuum ersetzen könnte, intensiv zu prüfen. Für eine mathematische Prüfung gab es keine Ansatzpunkte, es gibt dafür bisher keine Theorie und Mathematik. Daher war nun zu klären, ob diese neue Theorie möglichst viele der Fragen, die am Beginn der Arbeiten gestellt wurden, zufriedenstellend lösen könnte.

12. Die Prüfung des Modells der Matrix aus Wirkungsquanten (I): Veränderungen von Zeit und Längen und das Higgs-Feld

Zu prüfen war, ob es in dem Modell einen Mechanismus gibt, der die Veränderung von Zeit und Längen bei Beschleunigungen und den daraus resultierenden Geschwindigkeiten – jeder Geschwindigkeit geht eine Beschleunigung voraus – erklärt.
Wie die folgende Abbildung zeigt, in der die einzelnen Bestandteile des Quantums gezeigt werden, wird der Mechanismus bei der Einwirkung von Kräften wie Beschleunigungen wie folgt deutlich: Wächst der Kraftanteil, werden der Längenanteil und der Zeitanteil simultan (!) verringert. Zeit wird dilatiert, Längen werden verkürzt und Raum wird gemäß der ART gekrümmt.

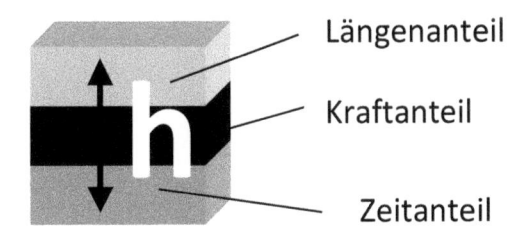

Abbildung 4: Ein Wirkungsquantum als Baustein und seine Zusammensetzung: Kräfte (in Newton), Längen (in Meter) und Zeit (in Sekunden). Wächst eine Kraft und wird sie aktiv, werden Länge und Zeit simultan gestaucht bzw. dilatiert, da die Bausteine von konstanter Größe sind.

Nun werden die Anisotropien eingeführt. In Richtung einer Kraft (wie Beschleunigung) werden Zeit- und Längenanteil simultan verringert, gegen die Richtung simultan vergrößert, und die Lichtgeschwindigkeit wird in bewegten Systemen immer gleich gemessen – egal in welche Richtung.

Abbildung 5 zeigt, wie Kräfte simultan Längen und Zeiten verändern, und zwar richtungsabhängig.

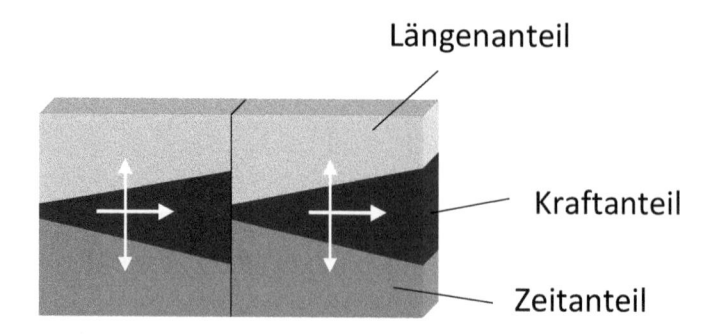

Abbildung 5: Durch gerichtete Kräfte wie Beschleunigungen werden in den Bausteinen aus Wirkungsquanten simultan längen- und zeitliche Anisotropien erzeugt, und zwar in jedem Baustein der neuen, quantisierten Matrix.

Was aber ist, wenn die Beschleunigungen wegfallen und sich ein System trägheitsbedingt weiter bewegt? Was geschieht also mit der Zeit in bewegten Systemen, wenn sie nicht mehr beschleunigt werden? Die Antwort liefert eine Entdeckung, die noch relativ neu ist, aber in der Physik bekannt ist: das Higgs-Feld.
Das Phänomen der Trägheit ist ein bekanntes. Stoße ich eine Billardkugel an und setze ich theoretisch die Reibungskraft durch Einflussfaktoren wie Gravitation, Luftwiderstand und Stoffbezug des Billardtisches auf Null, würde die Kugel aufgrund ihrer Trägheit ewig weiterrollen, vorausgesetzt, der Billardtisch ist unendlich lang. Was ist der Hintergrund dieses Phänomens?

Mit einem absoluten Bezugssystem aus Wirkungsquanten fällt die Antwort leicht, es geht um *Zustandsänderungen*. Beschleunige ich ein System aus der Ruheposition gegen den Widerstand der Matrix, verursacht die Kraftanwendung die Veränderung des Systems hin zu einem neuen Zustand, der Anisotropien von Zeit und Längen im System bewirkt. Ohne weitere Krafteinwirkung wird dieser Zustand während der Bewegung relativ zur Matrix aufrecht erhalten, Zeit und Längen bleiben konstant verändert (s. Abbildung 6).

Die Bewegung selbst ist nicht die Ursache für Zeitdilatationen und Längenveränderungen, es ist die vorhergehende Beschleunigung relativ zum Bezugssystem.

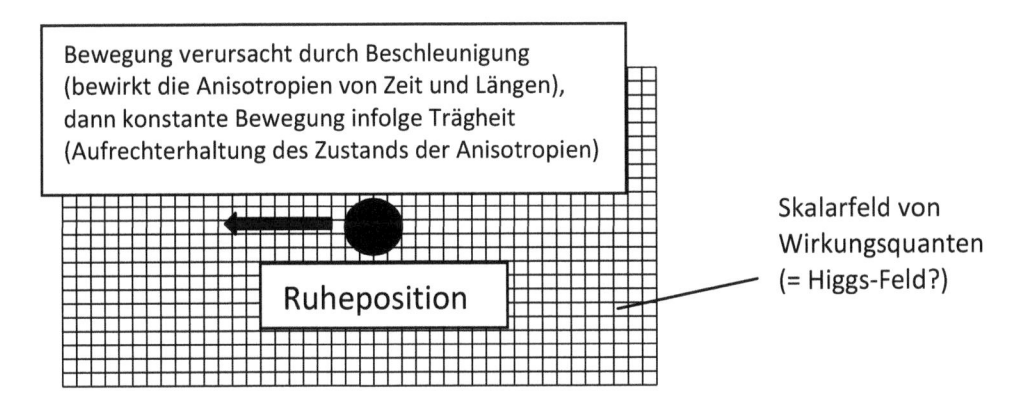

Abbildung 6: Die Eigenschaften des quantisierten Feldes der Matrix aus Wirkungsquanten. Sie stimmen mit den Eigenschaften des Higgs-Feldes überein. Erwähnenswert ist, dass um die Masse herum richtigerweise keine Krümmung des Feldes gezeichnet wurde, da es sich nicht um Raum handelt, sondern um Wirkung. Der Raum krümmt sich in die Wirkung.

Jede Bewegung relativ zur Matrix hat damit eine Historie der Beschleunigungen, die für den aktuellen Zustand von Zeit- und Längenänderungen verantwortlich ist. Jede Zeitdilatation von im Raum bewegter Systeme (gemessen gemäß dem Lorentz-Faktor, s. später) ist daher durch die Historie der Beschleunigungen bedingt.

Auffällig ist jetzt nicht nur, dass nun allein die Beschleunigungen verantwortlich sind für eine gemessene Zeitdilatation und damit die oft kritisierte SRT nicht mehr gebraucht wird, sondern auch die Übereinstimmung dieses Modells mit dem Higgs-Feld. Zur Erinnerung: Das skalare (=gleichmäßige) Higgs-Feld füllt das gesamte Universum aus und macht etwas, das bisher kein anderes Feld in der Physik formuliert – nichts wird angezogen oder abgestoßen, aber es wird Partikeln schwer gemacht, in eine Bewegung zu kommen oder abzubremsen. Dafür müsste ein Partikel relativ zum Feld also beschleunigt werden. Weiter postuliert diese Theorie, dass die Trägheit von Teilchen durch die Wechselwirkung mit diesem Feld hervorgerufen wird und diese Wechselwirkung mit der Masse der Partikel gleichzusetzen ist.

Die Übereinstimmung beider Definitionen ist so groß, dass sehr viel dafür spricht, dass die hier formulierte Matrix und das Higgs-Feld identisch sind, auch wenn dies noch weiter zu prüfen wäre – nur dass nun nach diesen Ergebnissen das Higgs-Feld aus Quanten, genauer aus *Wirkungsquanten* besteht.

Alles passt nun zusammen: Die Matrix aus Wirkungsquanten liefert einen Mechanismus von simultanen Zeit- und Längenänderungen inkl. Raumkrümmung. Und sie zeigt, dass allein Beschleunigungen ausreichen, diese zu erklären. Diese Matrix vereinfacht damit die Physik, sie erklärt die Trägheit und das Higgs-Feld, und sie liefert ein absolutes Bezugssystem im Universum.

Aber es kommt noch etwas hinzu: sie liefert, wie noch gezeigt wird, das Bindeglied zwischen Quantenphysik und Allgemeiner Relativitätstheorie.

Aber bevor die Rolle des Wirkungsquantums bei der Quantengravitation vertieft diskutiert wird, galt e, diese neue Matrixtheorie weiter an den verbliebenen Zeitfragen prüfen, um sicher zu gehen und den Wert dieser neuen Theorie einzuordnen.

Könnte also die Matrixtheorie auch die anderen beschriebenen Zeitfragen lösen wie die Dreiteilung der Zeit und die Gleichzeitigkeit? Das wäre ein deutlicher Hinweis auf die Gültigkeit dieser neuen Theorie.

13. Die Prüfung des Modells der Matrix aus Wirkungsquanten (II): Die Dreiteilung der Zeit und die universelle Gleichzeitigkeit

Kehren wir also zu den Zeitfragen zurück, die ja das Problem bei der Quantengravitation waren. Es geht nun um die Dreiteilung der Zeit in Vergangenheit, Gegenwart und Zukunft, um eine gemeinsame Gleichzeitigkeit – und sogar um die Frage, was ist Zeit überhaupt?

Will man die Matrixtheorie an diesen Fragen messen, sei das Modell mit den Bausteinen beim Hausbau (s. Kap. 10) wieder aufgegriffen. Die einzige theoretische Möglichkeit, individuelle Eigenzeiten und eine gemeinsame Gleichzeitigkeit miteinander zu vereinbaren, ist ein Modell, in dem Zeit nicht allein den Fluss der Zeit bestimmt, sondern noch etwas Anderes, Ergänzendes hinzukommt. Mit einem *Universum aus Wirkung statt Raumzeit* ist dies tatsächlich möglich.

Schaut man in der Abbildung 7 auf die Wirkungsquanten in der Matrix und achtet darauf, wie sie sich während des Fließens der Zeit verhalten, so lassen sich zwei verschiedene Szenarien denken. Einmal betrachten wir ein System in der Ruheposition der Matrix (oberer Teil der Abbildung). Der Anteil der Zeit in den Quanten bleibt gleich.

Zeit = f (h)

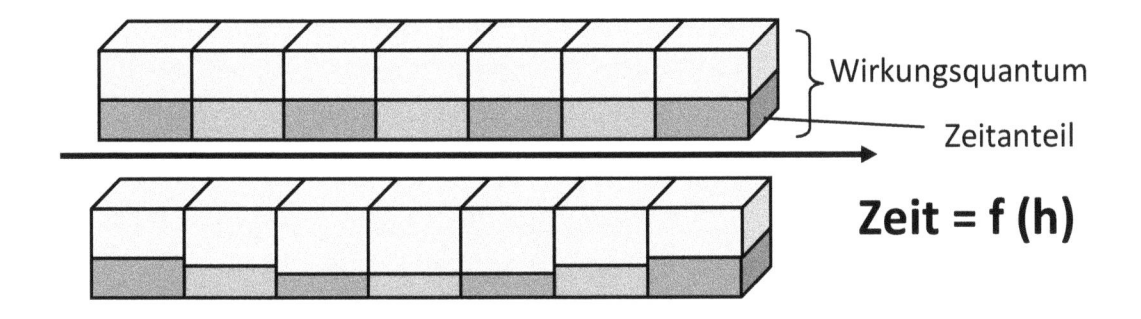

Abbildung 7: Die Veränderung des Zeitanteils in ruhenden Systemen (oben) und bewegten Systemen mit gemeinsamer Gleichzeitigkeit

Anders ist die Situation für ein System, welches relativ zur Matrix beschleunigt wird, sich dann gleichmäßig weiter bewegt, dann durch eine Beschleunigung gegen die Bewegungsrichtung abgebremst wird und wieder in eine Ruheposition gelangt (unterer Teil der Abbildung).

Die in der Matrix gequantelte Zeit wird durch die Beschleunigung dilatiert, läuft also langsamer, weil der Zeitanteil der Wirkungsquanten gemäß dem Lorentz-Faktor kleiner wird. Die oben diskutierten Anisotropien spielen hier keine Rolle, sie gelten nur innerhalb der Zeitquanten, sodass für das System der Lorentz-Faktor entscheidend wird. Der Zeitanteil der Wirkungsquanten bleibt nach der Beschleunigung konstant (Phänomen Trägheit), wächst wieder beim Abbremsen, bis er in der Ruheposition wieder den ursprünglichen Wert annimmt.

Die Matrix-Theorie, auch wenn sie ein völliges Umdenken erfordert, kann die Zeitdilatation also sowohl durch Beschleunigungen in der Matrix als auch durch Geschwindigkeiten relativ zu ihr erklären. Man braucht keine zwei unterschiedlichen Erklärungen mehr, um Zeitdilatationen und simultane Längenkürzungen zu erklären. Beide Effekte lassen sich auf eine gemeinsame Ursache zurückführen, nämlich auf Beschleunigungen.

Denn – wie oben im Kapitel 12 bereits beschrieben – jede Bewegung eines Systems hat eine Historie von meist mehreren Beschleunigungen relativ zum Feld der Matrix erlebt, die in der Aufsummierung zur – betrachten wir die Zeit – aktuellen Zeitdilatation führen. So wird deutlich, dass Einsteins und Minkowskis SRT, die Zeitdilatationen auf die Relativbewegung im Raum zurückführt, nicht mehr benötigt wird. Bei einem *absoluten* Bezugssystem reicht Einsteins ART aus. Das könnte ein wichtiger Schritt zur Vereinfachung der Physik sein.

Die nächste wichtige Erkenntnis aus der Matrixtheorie ist, dass individuelle Zeitwerte nun trotzdem eine gemeinsame Gleichzeitigkeit erlauben, denn nun ist für den Zeitfluss die *Größe Wirkung* und nicht ein Raumzeitkontinuum entscheidend (siehe Abbildung 8).

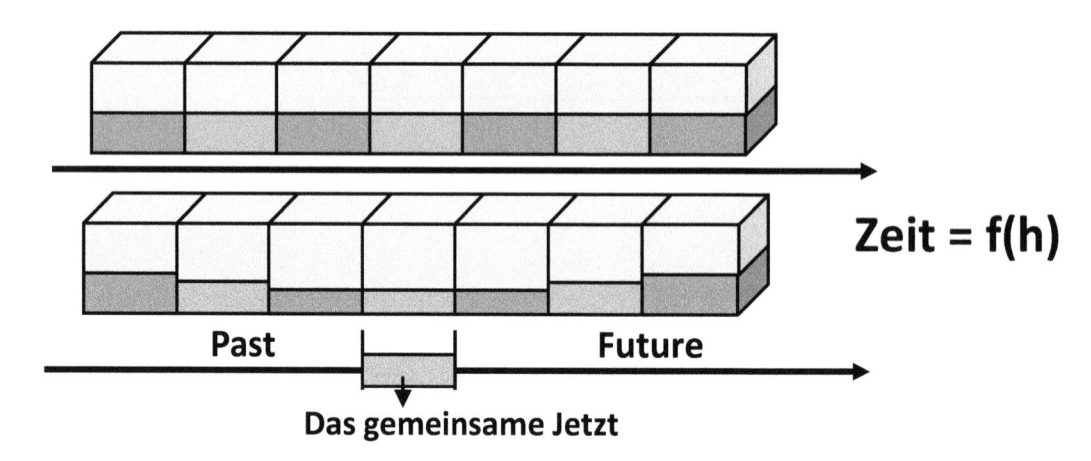

Abbildung 8: Die Matrixtheorie erlaubt die Dreiteilung der Zeit in Vergangenheit, Gegenwart und Zukunft und ein gemeinsames, fließendes "Jetzt", das allerdings unterschiedlich lange dauern kann.

Zusätzlich zum Mechanismus der Zeit- und Längenvariationen und der Raumkrümmung gibt es daher nun eine weitere überraschende Schlussfolgerung. Ein Universum auf der Basis von Wirkungsquanten erlaubt die Einführung der Dreiteilung der Zeit in eine Vergangenheit, Gegenwart und Zukunft. Denn da nun für den Lauf der Zeit die Wirkung die entscheidende Größe ist, wird nun ein gemeinsames "Jetzt" möglich – ein "Jetzt", das Teil einer Wirkung ist und das allerdings unterschiedlich lange dauert, abhängig von der Historie von Beschleunigungen und Geschwindigkeiten. Und es wird gleichzeitig deutlich, warum ein fester Wert für ein "Jetzt" in der Quantenphysik bis heute nicht gefunden werden konnte – es gibt ihn nicht.

Das Paradoxon der Zeit, das beim Zwillingsparadoxon, beim Schaukelbeispiel und bei unseren Körpern eine große Rolle spielte, lässt sich also auf der Basis von Wirkung statt Raumzeit lösen, und wir können beruhigt sein: Alle Teile unseres Körpers befinden sich immer in derselben Zeit.

Alltägliche Praxis und wissenschaftliche Theorie finden nun zusammen, auch wenn dies ein großes Umdenken in der Physik notwendig macht.

So ist denn alles in der Welt ein Prozess mit einem fließenden Jetzt, bei einer gemeinsamen Gleichzeitigkeit im gesamten Universum. Das wäre die Antwort auf den *psychologischen* Zeitpfeil.

C.F. von Weizsäcker hatte sich in seinem Buch "Zeit und Wissen" [12] intensiv mit derartigen Fragen beschäftigt – ebenso wie A. Einstein und R. Carnap [13]. Es sind Fragen, auf die nun Antworten möglich sind. Und eine weitere uralte Frage ließe sich nun beantworten: was bringt die Zeit in die Welt? Es ist – das folgt aus der Matrixtheorie – die These, dass die Welt aus *Wirkung* gemacht ist.

Die Vielzahl der potenziellen Antworten auf die elementaren Zeitfragen bestätigt damit gleich mehrfach die Eignung der Matrixtheorie als Basis für ein neues Modell zur Lösung der Frage nach der *Quantengravitation*.

14. Die Basis der Quantengravitation: ART und Quantenphysik haben denselben Ursprung

Wie oben gezeigt wurde, führt die Weiterentwicklung von Einsteins ART über die Hintergrundunabhängigkeit in Kombination mit der Quantenphysik direkt zu einem absoluten Bezugssystem in Form einer Matrix aus Wirkungsquanten. Der Ersatz eines Raumzeitkontinuums durch diese Matrix könnte auch das Rätsel lösen, woher die Dynamik der Welt kommt, jedenfalls nicht aus einem Raumzeitkontinuum *allein*.

Weiter wird nun deutlich, warum bisher weder Zeit- noch Raumquanten gefunden wurden: Die Quantenphysik hat bisher mit *Energiequanten* gearbeitet, wohingegen das *eigentlich* Gequantelte in der Physik eben die *Wirkung ist*.

Wie weiter gezeigt wurde, erklärt diese Matrixtheorie sowohl das Higgs-Feld als auch die Hintergrundunabhängigkeit der ART. Die Rolle des Planck-Quantums als Basis für ein neues Verständnis der Quantenmechanik und der Quantengravitation wird daher noch einmal deutlich.

Das Aufregende der vorliegenden Ergebnisse ist die Vermutung, dass ART und Quantenphysik denselben Ursprung, die identische Basis haben, nämlich das Planck'sche Wirkungsquantum! Denn es ist das Planck'sche Wirkungsquantum, welches in der ART den Mechanismus von Raumkrümmung und Zeitdilatation bei Beschleunigungen liefert.

Hierzu sei an dieser Stelle noch einmal Abbildung 5 wiederholt. Dargestellt wird, wie eine gerichtete Kraft (wie z.B. eine Beschleunigung durch Gravitation) in ihre Richtung simultan Zeit dilatiert und Längen kürzt

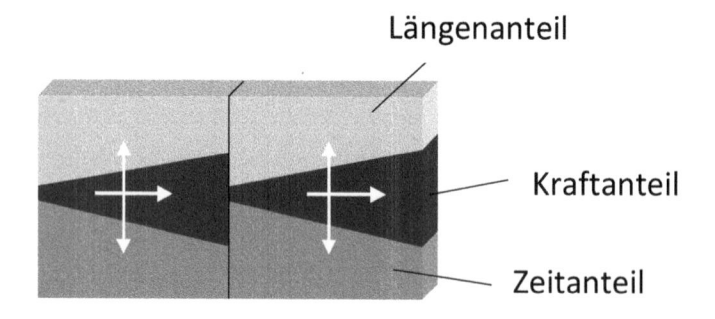

Abbildung 5 (Wiederholung): Durch gerichtete Kräfte wie Beschleunigungen werden in den Bausteinen aus Wirkungsquanten simultan längen- und zeitliche Anisotropien erzeugt, und zwar in jedem Baustein der neuen, quantisierten Matrix.

Im Unterschied zu den in der Matrix bewegten Systemen wie z.B. einer Billardkugel, die angestoßen wird und in der sich bei der Bewegung in der Wirkungsmatrix *innerhalb* des Systems anisotrop Längen und Zeiten verändern, bezieht sich der Mechanismus nun auf ein Gravitationsfeld, das von der Materie eines *Systems* hervorgerufen wird und damit zusätzlich *außerhalb des* Systems existiert.

Obwohl die Mechanismen zur Veränderung von Zeit und Längen jeweils identisch sind, gilt es damit zu unterschieden zwischen den Effekten in bewegten/beschleunigten Systemen und den Effekten, die durch Gravitation hervorgerufen werden. Letztere breiten sich feldmäßig in der Matrix aus und werden mit zunehmender Entfernung vom Körper, der die gravitative Beschleunigung verursacht, schwächer. Aber beiden Phänomenen liegt – wie schon gesagt – derselbe Mechanismus zugrunde: Auch im Gravitationsfeld finden simultan anisotrope Veränderungen von Zeit und Längen statt, wobei letzteres dann zur Raumkrümmung führt.
Womit auch die Frage geklärt ist, wohin sich der Raum krümmt, wenn nicht in den Raum: Er krümmt sich *in die Wirkung* (s. auch Abbildung 6).

Das Planck-Quantum liefert damit den Mechanismus der Raumkrümmung, die ja die Grundlage der ART ist – das Planck-Quantum erweist sich als der Ursprung der Allgemeinen Relativitätstheorie!

Das Planck-Quantum wird somit zum zentralen Baustein der Physik und zeigt sich als das lang gesuchte Bindeglied zwischen ART und Quantenphysik (s. Abbildung 9).

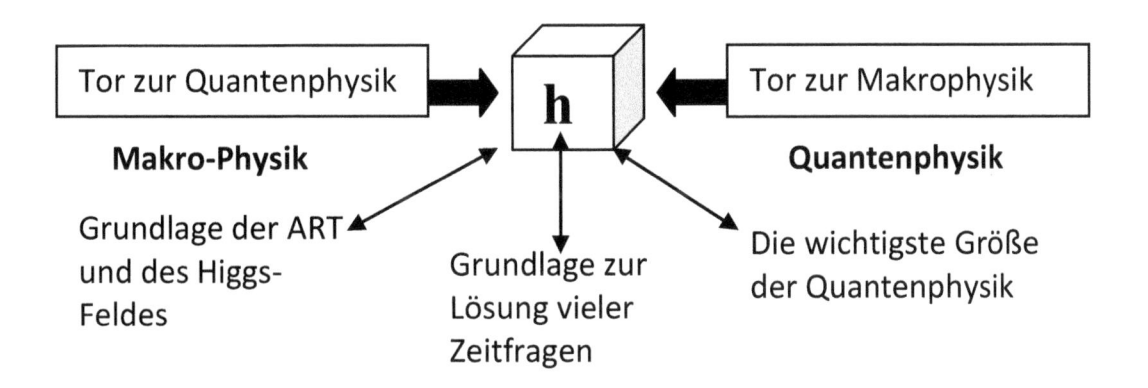

Abbildung 9: Das Planck-Quantum als Bindeglied zwischen Makro- und Mikrophysik und als Grundlage für eine Theorie der Quantengravitation

Die Vielzahl und die potenzielle Bedeutung dieser Ergebnisse mögen anfangs den Eindruck entstehen lassen, dass eine Theorie, die so viel umfasst und so viele Antworten „auf einen Schlag" liefert, fragwürdig ist. Und doch steckt hinter diesen vielen Antworten nur eine kleine Änderung im Gebäude der Physik, nämlich der Ersatz des Raumzeitkontinuums durch eine Matrix aus Wirkungsquanten, durch ein Feld aus Planck-Quanten.
Und es ist erstaunlich, dass diese kleine Änderung im Gedankenmodell der Physik „in einem einzigen Rutsch" derart viele Antworten auf elementare Fragen liefert.
Das Feld aus Wirkungsquanten kann jedenfalls die Basis für die langgesuchte Theorie der Quantengravitation sein.

Was ist nun zu tun? Es sind nicht nur die Quantenfeldtheorien, die hier zu verbessern wären, sondern es gilt, in der Quantenphysik grundsätzlich mehr die Quantelung der *Wirkung* zu beachten. Es ist nun einmal die *Wirkung*, die gequantelt ist, und nicht die Energie! Was allerdings *zeitabhängige* Gleichungen anstatt der Schrödinger-Gleichung und Hamilton-Funktionen erfordert. D. Schuch (Universität Frankfurt) schlägt denn auch vor, Bernoulli/Riccati- und Ermakow-Gleichungen zu verwenden [14].
Auf die Versuche, die Quantengravitation nicht nur theoretisch und anschaulich, sondern auch mathematisch „in den Griff" zu bekommen, darf man gespannt sein.

Betrachten wir die Erforschung der *Quantengravitation,* so wurde mit den vorliegenden Arbeiten tatsächlich das vermutete dynamische Feld aus Quanten gefunden, nur besteht dieses nicht aus Raumzeitbausteinen, sondern – wie es eine Dynamik und die Hintergrundunabhängigkeit der ART fordern – aus einem Feld aus Planck´schen Wirkungsquanten.

Der scheinbar marginale Übergang vom Raumzeitkontinuum zu einer Metrik aus Wirkungsquanten dürfte wegen der Unterschiede zum bisherigen Denken in der etablierten Physik auf Widerstände stoßen, insbesondere deshalb, weil es noch an einer dazu passenden *Mathematik* fehlt. Dieses Dilemma macht nicht zuletzt die *disziplinäre Zersiedelung* der Forschungsbemühungen deutlich: Lange genug fehlte es schon zwischen *Makrophysik* und *Mikrophysik* an einem Austausch, und nun würde es darum gehen, auch noch die *Mathematik* einzubinden. Das konnte und kann nur durch eine *echt interdisziplinäre* Sicht gelingen, unter Überwindung disziplinärer „Besitzstandswahrung".

Das ist denn auch die Herausforderung an alle „Lager", wenn Fortschritte in der Physik gewollt sind. Und nicht nur das: Die Physik muss auch zur Behandlung der bisher vernachlässigten Themen der Biologie und der Zunahme von Ordnung in Nichtgleichgewichtssystemen geöffnet werden; denn auch diese Bereiche wären von der neuen Matrixtheorie betroffen. So geht es z.B. um den kosmologischen Zeitpfeil (in Form der Dunklen Energie) und den Zeitpfeil der Evolution. Ließen sich diese Phänomene auch mit der Matrixtheorie, also mit einer Welt aus Wirkungsquanten erklären? Darum geht es in den folgenden Kapiteln, die zu weiteren überraschenden Erkenntnissen führen.

15. Die Prüfung des Modells einer Matrix aus Wirkungsquanten (III): Der Zeitpfeil der Evolution

Der Zeitpfeil der Evolution betrifft ein völlig anderes Wissenschaftsgebiet, nämlich das *Leben* und damit die Biologie mit ihren komplexen Systemen. Dieser Bereich der Naturwissenschaften wird von der Physik bisher gemieden, weil die Herausforderungen für die mathematische Bewältigung zu komplex erscheinen.

Mit genau diesen Fragen hatte sich schon B. Weßling [5] interdisziplinär befasst und frühere Arbeiten ergänzt [15]. Spannend ist, wie er den Fluss der Zeit in *lebendigen* Systemen beschreibt.

Lebendige Systeme seien grundsätzlich Nichtgleichgewichtssysteme, d.h. sie streben nicht nach einem Gleichgewichtszustand, wie ihn derzeit die Physik z.B. mit dem Wachsen der Entropie beschreibt.

In *Nichtgleichgewichtssystemen* sind denn auch nicht nur Prozesse erlaubt, welche die *Entropie erhöhen*, sondern in ihnen wird importierte Energie bzw. Materie immer wieder auch dazu genutzt, Strukturen herzustellen bzw. Prozesse in Gang zu setzen, welche die Entropie *vermindern*. Prozessen in Richtung mehr Unordnung stehen daher Prozesse entgegen, welche die Ordnung erhöhen.

Um das zu erreichen, sind lebendige Systeme keine geschlossenen Systeme, sondern sie sind offen für die material- und energieliefernde Umgebung. Ohne Essen und Energiezufuhr und andere Materialzufuhr können wir Menschen bspw. nicht existieren. Auch wir Menschen sind also Nichtgleichgewichtssysteme mit relativ niedriger Entropie. Mit dieser Systemoffenheit verstoßen lebendige Systeme zwar nicht gegen den 2. Hauptsatz der Thermodynamik, aber sie *relativieren* ihn bezüglich seiner Forderung nach Zunahme der Unordnung als *allein*gültiges Prinzip.

Über die Eigenschaften komplexer Systeme gibt es nun umfangreiche Forschungen zu den Gesetzmäßigkeiten der Strukturentwicklung (z.B. durch Dissipation) und zur Stabilisierung dieser Systeme durch Rückkopplungsmechanismen. Diese Forschungen sind eng verbunden mit Namen wie Alexander Bogdanow, Ludwig von Bertalanffy, Norbert Wiener, Ross Ashby, Heinz von Foerster, Ilya Prigogine, Manfred Eigen, Humberto Maturana oder Francisco Varela und anderen.

Die Evolution, das Wetter und Klimageschehen, die Prozesse in der Ökonomie, das Geschehen im Alltag – all dies sind Ausdruck einer nicht-linearen Dynamik in diesen Nichtgleichgewichtssystemen, die *mathematisch* kaum zu bewältigen ist. Vielmehr sind Vorgänge von *Chaos und Ordnung* die Regel, man spricht hier auch von chaordischen Systemen [15]. Dem monistischen Denken nach einseitiger Entropieerhöhung in Richtung Entropiemaximum stehen daher in den Nichtgleichgewichtssystemen Prozesse der *Bildung von Ordnung* gegenüber!

Dies erfordert aber eine ganz andere, eine dualistische Weltsicht auf alle Systeme, die *nicht* geschlossen sind. Das Fließen der Zeit zeigt sich daher nicht nur in den Prozessen hin zur *Unordnung*, sondern auch hin zur *Ordnung* und damit in einem nichtlinearen, chaordischen Schwingen zwischen den beiden Attraktoren Ordnung und Unordnung. Wir sind also im Leben und damit im Alltag umgeben von oder mittendrin in komplexen Vorgängen von *Nicht-Gleichgewichten*.

Das ist etwas, was die mathematische Physik gerne ausklammert, weil diese Vorgänge nicht mehr eindeutig berechenbar sind und nun statt Formeln Beschreibungen ausreichend sein müssen. Es ist tatsächlich eine *andere Wissenschaft*, eine Wissenschaft mit *2 (!) Attraktoren*, eine Wissenschaft, die so komplex ist, dass sie sich mathematisch nur ansatzweise beschreiben lässt.

So ist es nachvollziehbar, dass die *Nicht-Gleichgewichts-Thermodynamik* in der universitären Physik kaum eine Rolle spielt – ein großes Defizit, weil dies auch die *Kosmologie* betrifft, wie ich noch zeigen möchte.

B. Weßling [5] geht in seinen Überlegungen nun davon aus, dass unser Universum ein *geschlossenes* System ist und dass deshalb – auf das gesamte Universum und damit auf das Umfeld komplexer Systeme bezogen – der 2. Hauptsatz gelten muss. Damit fordert er – auf das Universum bezogen – folgerichtig einen *Anstieg* der Entropie und verbindet den Zeitpfeil der Entropie mit den Eigenheiten lebendiger Systeme.

Demnach führt ein zeitlicher Energieeintrag in ein derartiges System dazu, dass dies weit vom Gleichgewichtszustand weggetrieben wird. Dies verursacht dann einen massiven *Export* von Entropie, sie sinkt in den Systemen. Diese Verminderung von Entropie geht einher mit plötzlicher und spontaner Selbstorganisation zu dynamischen Strukturen, die stetiger Veränderung unterliegen. Parallel dazu steigt, um dem 2. Hauptsatz Genüge zu tun, nach Weßling die Entropie irgendwo im Universum an. Er vermutet, dass dies in den Schwarzen Löchern geschieht. Damit wäre der 2. Hauptsatz erfüllt.

Der evolutionäre Zeitpfeil wäre nach Weßling folgerichtig ein ständiges zeitliches Wechselspiel zwischen Entropieexport und – import, da in Nichtgleichgewichtssystemen immer wieder Ordnung auch *abnehmen* kann und sich dann die Entropie dort wieder erhöht.

Für unseren Planeten *Erde* wäre die Existenz von Flora und Fauna nun auch mit dem 2. Hauptsatz und einem Universum als *abgeschlossenem System* unproblematisch; denn die permanente Zufuhr von Sonnenenergie in das nicht abgeschlossene System Erde würde dies problemlos erlauben. Aber auch das gilt nur unter der Voraussetzung (s.o.), dass *2 (!) Attraktoren* existieren, nämlich *Ordnung und Unordnung*.

Was aber ist mit all den Strukturen im Universum, mit dem unglaublichen Anstieg der Information seit dem Beginn des Universums? Was ist mit dem *kosmologischen Zeitpfeil*? Oder was ist, wenn unser Universum etwa gar kein abgeschlossenes System ist?

Vor diesem Hintergrund gibt es eine Reihe von Anzeichen, die gemeinsam darauf hindeuten, dass an der gängigen *Urknalltheorie* etwas nicht stimmen kann, dass nämlich unser Universum in Bezug auf etwas *Anderes* existiert, also *kein* abgeschlossenes System ist. Auch hierfür bietet die *Matrixtheorie* neue Möglichkeiten zur Erklärung, welche sie weiter stützen könnten.

16. Matrixtheorie, kosmologischer Zeitpfeil und Dunkle Energie

Grundlage des kosmischen Zeitpfeils ist vor allem die Beobachtung, dass unser Universum expandiert. Die derzeit von der Physik favorisierte Urknalltheorie geht davon aus, dass – wenn man die Ausdehnung des Universums zeitlich zurück verfolgt – der Beginn des Universums aus einer Singularität in der Größenordnung der Planck´schen Dimensionen und einer extrem hohen Dichte von Materie/Energie sowie mit extremer Temperatur bestand, in der die gesamte Masse und Energie des Universums vereinigt war. Die Logik dieser Theorie beruht grundsätzlich darauf, dass unser Universum ein *geschlossenes System* ist.

Doch wie soll dieses gesamte Universum in einem Punkt konzentriert sein und woher soll diese nahezu unendliche „Substanz des Anfangs" herkommen?. Gleichzeitig wissen wir, dass die Allgemeine Relativitätstheorie (ART) für diesen Anfang versagt.

Gehen wir nun zeitlich vom Beginn des Universums, dem sog. „Urknall", *vorwärts*, so stellt sich die Frage, was diese Ausdehnung bewirkt und wie sie aussieht.

Aus der Beobachtung von sich voneinander entfernenden Galaxien schließt man, dass es der *Raum* ist, der sich ausdehnt und die Galaxien dabei mit sich zieht – ähnlich wie Rosinen in einem Hefeteig, der beim Backen aufgeht [16]. Man nennt das eine *isotrope Ausdehnung*, d.h. eine in alle Richtungen gleichförmige Ausdehnung ohne ein Ursprungszentrum. Schon das spricht eigentlich gegen die Urknalltheorie.

Gleichzeitig zeigen Aufnahmen der Mikrowellen-Hintergrundstrahlung (cosmic microwave background = CMB) aus der Frühzeit des Universums, dass es eine sehr hohe Homogenität in dieser Strahlung gibt, das Weltall also in dieser Phase sehr homogen war – was ebenfalls gegen einen Urknall mit einem Ausbreitungszentrum spricht. Um diesen Widerspruch zu lösen, wurde eine *kosmische Inflation* formuliert, die das Universum kurzfristig mit Überlichtgeschwindigkeit expandieren ließ und für diese Homogenität sorgte. Was aber bewirkt die weitere Ausdehnung bis heute?

Das nächste Argument gegen die Urknalltheorie ist die Beobachtung, dass unser Universum *überhaupt* existiert. Grundlage für diese Diskussion sind die sog. WMAP- und PLANCK-Daten, die zeigen, dass unser Universum ziemlich exakt einer euklidischen Geometrie unterliegt. Man spricht dabei auch von einem „flachen" Universum, das sich gleichmäßig und ewig ausdehnt. Ein nahezu exakt euklidisches Universum ist aber gleichbedeutend damit, dass die gesamte Masse und Energie in ihm einen ganz bestimmten Gesamtwert hat. Jedes Universum mit einer anderen *Massen- und Energiedichte Omega* Ω – so die Bezeichnung dafür – würde entweder so rasch expandieren oder aber kollabieren, dass sich keine Galaxien hätten bilden können.

Der für ein flaches Universum exakt benötigte Wert von Ω liegt definitionsgemäß bei $\Omega_{total} = 1$. Die große Überraschung der letzten Jahrzehnte in der Astrophysik war nun die Entdeckung, dass die gewöhnliche Materie, aus der unsere sichtbare Welt besteht, nur mit etwa 5 % zur Gesamtenergiedichte des Universums beiträgt.

Berechnungen u.a. aus der Hubblerelation (zur Ausdehnungsgeschwindigkeit des Universums) und vor allem aus den CMB-Aufnahmen zeigen nämlich, dass etwa 26 % der Gesamtenergiedichte auf eine gravitativ wirkende Dunkle Materie entfällt und etwa 69% der Gesamtenergiedichte aus einer *Dunklen Energie* besteht, die auf irgendeine Weise der Gravitation *entgegen* wirkt.

Mit 69 % muss die Dunkle Energie damit die wichtigste Komponente im Universum sein! Sie muss zudem – so die Messungen – sehr gleichmäßig verteilt sein (!), sie darf also nicht von lokalen Gegebenheiten beeinflusst werden. Diese ubiquitär gleichmäßige kosmische Energiedichte, deren Wesen bisher unbekannt ist, ist also von elementarer Bedeutung und sorgt offenbar für die Ausdehnung des Universums.

Erst zusammen mit dieser rätselhaften Dunklen Energie erreicht nun die Massen- und Energiedichte Ω_{total} ziemlich genau den kritischen Wert 1. Die genaue Analyse aus den Daten des PLANCK-Satelliten [17] ergibt den Wert $\Omega_{total} = 1{,}0005 +/- 0{,}0065$. Das könnte mathematisch darauf hindeuten, dass das Universum vielleicht doch ein klein wenig einer Kugelfläche gleicht, die sich weiter ausdehnt und eines Tages langsam wieder zusammenzieht. Jedenfalls macht man seit etwa 1998 diese Dunkle Energie verantwortlich für die Ausdehnung des Universums.

Obwohl diese Erkenntnis heute Bestandteil des Standardmodells der Kosmologie ist, geht man davon aus, dass neuartige physikalische Theorien nötig sein werden, um ihr Wesen zu deuten. Kurz: es gibt derzeit keine Erklärung für diese Dunkle Energie. Man weiß nur, dass sie für die Zukunft des Weltalls entscheidend ist und dass sie völlig gleichmäßig im Raum vorhanden ist.

Neben der Isotropie der Ausdehnung gibt es noch viele weitere Argumente dafür, dass die Urknalltheorie noch nicht der Weisheit letzter Schluss ist; denn die Urknalltheorie steht im Widerspruch zur Hintergrundunabhängigkeit aus der ART, in der ja Raum und Zeit und Materie/Energie bzw. Kräfte miteinander gekoppelt sind. Zugleich besteht die daraus resultierende Forderung, dass eine Ausbreitung des Raumes mit einer zeitlichen Entstehung von zusätzlicher Materie/Energie einhergehen müsste.

Außerdem bedingt die Ausbreitung des Universums auch eine Zunahme des *Quantenvakuums* mit seiner Vakuumenergie, was dem Energieerhaltungssatz für geschlossene Systeme massiv widerspricht.

Ein weiterer wichtiger Kritikpunkt folgt aus dem *Noether-Theorem*, welches besagt: Weil das Universum nicht *zeittranslationsinvariant* ist, gilt auch nicht der Energieerhaltungssatz, und danach wäre das Universum wieder einmal *kein* abgeschlossenes System.

Es gibt noch weitere Fakten, die *gegen* ein geschlossenes Universum sprechen wie z.B. die *Entropiefrage*. Wie bereits in Kapitel 5 gezeigt wurde, erhöht sich ständig die Information im Weltall, sodass die physikalisch definierte Entropie gleichzeitig abnimmt statt zunimmt [7]. Im Jahr 2007 war die Informationsmenge des Universums ja bereits auf eine Größenordnung von 10^{123} Bits geschätzt worden [8], also eine unglaublich große Informationsmenge, die noch stetig ansteigt.

Die hier vorgeschlagene *Matrixtheorie* gibt der Physik nun neue Anregungen zur Kosmologie und eine neue Option zum Verständnis der Dunklen Energie. Nach dieser Theorie müsste das Wachstum von Raum, das als Erklärung für die ominöse Dunkle Energie dient, fallen gelassen werden: Denn weil gemäß der Hintergrundunabhängigkeit (s.o.) alles miteinander verbunden ist, macht ein Prozess eines *allein* wachsenden Raumes keinen Sinn. Naheliegend ist vielmehr ein *Wachstumsprozess* der Matrix aus Wirkungsquanten, der nicht nur für die Expansion des Universums verantwortlich wäre, sondern gleichzeitig unser Universum mit neuer Energie und damit auch Materie versorgen würde. Damit wäre auch die Gesamtenergiedichte Omega ≈ 1 über die Zeit der Expansion gewährleistet.

Denkbar wäre also ein Beginn des Universums mit einem ersten Wirkungsquantum, welches der Keim für *weitere* Wirkungsquanten wäre, die wiederum Keime der weiteren Entwicklung der Matrix wären. D.h. jedes neue Quantum ist der Keim für die

Entwicklung weiterer Quanten ... und eine isotrope Ausdehnung des Universums ist automatisch die Folge. Dies veranschaulicht die Abbildung 10.

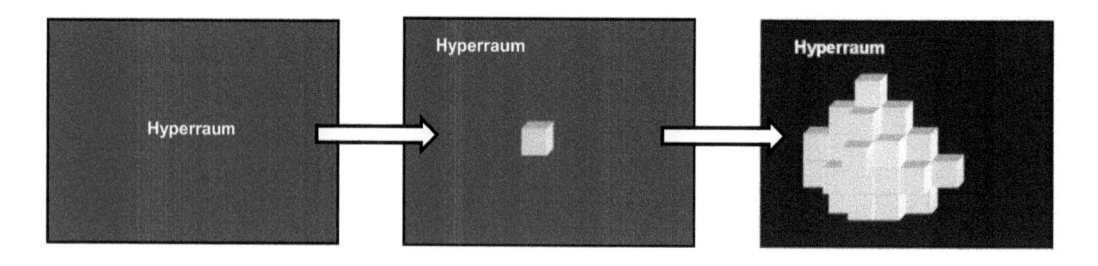

Abbildung 10: Nach der Matrixtheorie kann der Prozess einer wachsenden Matrix aus Wirkungsquanten die Ursache der Dunklen Energie sein.

Unser Universum wäre demnach nicht das Produkt eines Big Bang mit einer anschließenden Inflation, sondern würde aus etwas entstehen, das in *Bezug auf unser Universum* existiert, das wir aber nicht wahrnehmen können. Vielleicht eine Art *Hyperraum*. Die Folge wäre ein Universum, das aus einer Art Nichts entstanden ist und weiter wächst. Das Konstrukt einer Inflation ist dann nicht mehr notwendig.

Das wäre plausibel – unser Universum wäre *kein* abgeschlossenes System, das Noether-Theorem wäre erfüllt, und auch die Energiezunahme in einem expandierenden Universum durch die zunehmende Vakuumenergie wäre erklärt. Der Prozess der wachsenden Matrix wäre also *identisch* mit der Dunklen Energie. Auf diese Weise ließe sich denn auch der *kosmologische Zeitpfeil* erklären.

17. Die Welt ist Wirkung und nicht Materie + Raumzeit

Nach den vorliegenden Ergebnissen ist für die Theorie der Quantengravitation also die Lösung der unterschiedlichen *Zeitfragen* essentiell. Es ist das Thema *Zeit*, das sich als zentral für das Verständnis der Welt und ihrer Gesetzmäßigkeiten erweist, auch und insbesondere für die Vereinigung von Quantenphysik und Allgemeiner Relativitätstheorie.

Erst über die Lösung der *Zeitfragen* wird deutlich, dass ART und Quantenphysik tatsächlich denselben Ursprung haben, nämlich das Planck-Quantum.

Zum besseren Verständnis sei hier noch einmal der Weg skizziert, der möglicherweise so manche Veränderungen in der theoretischen Physik erfordert und den es nun aufgrund der vielen Indizien zu prüfen gilt.

Am Anfang der Diskussion stand die Notwendigkeit einer *Theorie der Quantengravitation,* unter besonderer Beachtung der unterschiedlichen Definitionen der Zeit in der Quantenphysik, in den Quantenfeldtheorien und in der Allgemeinen Relativitätstheorie. Diese Quantengravitation müsste – so der Stand der Forschung – auf einer Metrik mit dynamischer Quantengeometrie basieren. Hinzu kam der naheliegende Vorschlag, für diese quantisierte Metrik das Planck´sche Wirkungsquantum in Betracht zu ziehen, als Ersatz für die das bisher verwendete Raumzeitkontinuum. Dies erfolgte vor dem Hintergrund, dass in der Quantenphysik gerne mit Energiequanten gearbeitet wird, obwohl das eigentlich Gequantelte die *Wirkung* ist, die aus Energie x Zeit besteht. Damit gerieten die *Zeitfragen* in den Focus der Überlegungen.

Hier sind nicht nur die Mechanismen der *Zeitdilatationen* (und Raumkrümmungen) ungeklärt, sondern auch das Paradoxon von Eigenzeiten und Gleichzeitigkeit, die eine wichtige Rolle spielen.
Hinzu kommen unterschiedliche *Zeitpfeile,* die den Lauf der Zeit charakterisieren, nämlich die Zeitpfeile der Entropiezunahme, der Evolution zur Strukturzunahme, der Kosmologie zur Ausdehnung des Universums und der psychologische Zeitpfeil, der u.a. Vergangenheit, Gegenwart und Zukunft (= Dreiteilung der Zeit) unterscheidet.

Im ersten Schritt der Theoriesuche wurde sodann ein *Äther-Feld* als Ursache für z.B. Zeitdilatationen bei Bewegungen oder Beschleunigungen definiert, mit diesem Äther als festes Bezugssystem – gestützt auf den Umstand, dass die Ätherfrage bis heute ungeklärt ist [9] sowie auf die Entdeckung des Higgs-Feldes und die Erkenntnisse der Quantenphysik – in Abkehr von der *Speziellen* Relativitätstheorie.
Unter Beachtung der Hintergrundunabhängigkeit in Einsteins Allgemeiner Relativitätstheorie wurde dann ein Bezugssystems postuliert, das aus *allem* besteht, was das Universum ausmacht.
Wie sich als nächstes zeigte, bedingt ein festes Bezugssystem – aufgrund der Konstanz der Lichtgeschwindigkeit in Systemen bei ihrer Bewegung relativ zum Bezugssystem – automatisch eine Anisotropie von Zeit- und Längenveränderungen, was bisher nie diskutiert wurde.
Diese Anisotropie wiederum erfordert, da sie in jedem Punkt des bewegten Systems auftreten muss, automatisch eine Quantisierung des „Äther-Feldes", wie sie ja auch

für die Quantengravitation gefordert wird. Als entsprechender Quantenbaustein bot sich, wie anfangs (s.o.) angedacht, das Plancksche Wirkungsquantum an, das über einen Richtungsvektor aus Kraft und Entfernung einen *Raum* aufspannt, also indirekt die Größe Raum beinhaltet. Mit diesem Modell einer *Metrik aus Planck-Quanten* – zusammenfassend als „Matrixtheorie" bezeichnet – ließen sich nun die zahlreichen Zeitfragen schlüssig beantworten.

Wichtigste Erkenntnis war die Schlussfolgerung, dass sowohl Quantenphysik als auch Einsteins ART offenbar denselben Ursprung haben, nämlich das Planck´sche Wirkungsquantum. Erst mit diesem Befund ließen sich die Mechanismen von Zeitdilatationen und Raumkrümmungen plausibel beschreiben, ebenso wie auch die Paradoxie von Eigenzeiten und gemeinsamer Gleichzeitigkeit und die Dreiteilung der Zeit mit einem fließenden Jetzt.

Die hier vorgestellte Matrixtheorie mit einer Matrix aus gequantelter Wirkung bestätigt Einsteins wegweisende Gedanken bei der Entwicklung der Allgemeinen Relativitätstheorie (ART). Einstein war bisher wohl derjenige Physiker, der dem Wesen der Zeit in der klassischen Physik am nächsten gekommen ist, auch wenn ihm dies nicht bewusst gewesen sein mag. Die neue Theorie ist indessen anders – sie ergänzt die Zeit um die Größe *Wirkung*.

Was ist also Zeit? Vor dieser Frage stand vor langer Zeit schon Augustinus, und seine berühmte Antwort war: „Wenn mich niemand danach fragt, weiß ich es, will ich es einem Fragenden erklären, weiß ich es *nicht*."
Zeit ist aber keine Illusion, wie manche Quantenphysiker mittlerweile meinen, und auch die Unterscheidung in Vergangenheit, Gegenwart und Zukunft ist keine Illusion, sondern die Dreiteilung der Zeit ist etwas, was in unser aller Leben eine zentrale Rolle spielt und sich nach den vorliegenden Arbeiten mit der Matrixtheorie erstmals plausibel darstellen lässt.

Wenn Einsteins Theorie eine direkte Folge des Planckschen Wirkungsquantums ist, ließe sich das Wesen der Zeit wie folgt beschreiben:
Mit der *Größe Wirkung* als dem zentralen Baustein des Universums wird ein *Drang der Natur* deutlich, dass sie will, dass etwas geschieht. Sie will Prozesse und Dynamiken initiieren, die sich durch *Zeitpfeile* charakterisieren lassen, in denen jedes "Jetzt" das Ergebnis der Vergangenheit und die Grundlage für das nächste Jetzt ist, das noch in der Zukunft liegt. Ohne die Größe Wirkung gäbe es keine Zeit, würde *nichts* existieren, und es gäbe keine *Prozesse*. Und diese Prozesse lassen sich nicht anhalten, wie auch die

Zeit sich nicht anhalten lässt. Unser Universum ist ein Universum der Prozesse. Oder, kurz gesagt: *Die Welt ist Wirkung*.

Erst mit einem Universum auf der Basis von *Wirkung* lassen sich auch die Zeitfragen bei *lebendigen* Systemen erklären. B. Weßling ist es zu verdanken, die Zeitfragen auch auf *Nichtgleichgewichtssysteme* auszuweiten, die in der lebendigen Natur und bei komplexen Systemen eine dominante Rolle spielen [5]. Man muss seiner Erklärung des Entropieausgleichs durch Schwarze Löcher nicht zustimmen. Verbindet man aber seine Gedanken mit der *Matrixtheorie*, wird ein neuer Weg zur Erklärung der Zeitpfeile der Evolution und der Kosmologie möglich (s.o.), auf dem Chaos-Ordnungs-Prozesse eine große Rolle spielen. Zugleich wird – folgt man diesen Überlegungen – deutlich, dass unser Universum offenbar *kein* abgeschlossenes System darstellt.

Das Problem bei Nichtgleichgewichtssystemen ist aber, dass sie – entgegen der Forderung nach einem Wachstum von Entropie – auch zur Entwicklung von Ordnung und Strukturen beitragen und gleichzeitig *mathematisch* kaum zu beschreiben sind. Die Physik muss daher wohl lernen, nicht nur mathematisch Formulierbares und Beweisbares zu akzeptieren, sondern auch Beschreibungen und Modelle zuzulassen, welche bessere Erklärungen bieten. Es gilt, einen Erkenntnisfortschritt nicht zu verbauen und sich vermehrt interdisziplinären Betrachtungsweisen zu öffnen, auch unter Überwindung akademischer Strukturen.

18. Ausblick

Betrachtet man die Matrixtheorie näher, so ist sie eigentlich nichts mehr als ein wohlbegründeter Austausch des Raumzeitkontinuums gegen ein Skalarfeld aus Wirkungsquanten. Allein mit dieser scheinbar geringfügigen Änderung im Weltbild der theoretischen Physik lassen sich – das ist jetzt die Hoffnung – nun Antworten auf die Fragen nach der Vereinbarkeit von Quantenphysik und Einsteins ART und damit nach den Grundlagen einer Quantengravitation beantworten, inkl. einer Lösung der unterschiedlichen Zeitfragen.

Damit sind nun auch all die Zeitreisen, die in der Literatur immer wieder gerne diskutiert und beschrieben werden, schöne Ideen, aber in der Realität – mit Bedauern oder Erleichterung – leider unmöglich.

Mit der gemeinsamen Gleichzeitigkeit, die Newtons Zeitbegriff wieder in diesem speziellen Punkt aufleben lässt, wird nachvollziehbar, warum in der Quantenphysik Newtons Zeit so allgegenwärtig ist. Gleichzeitig ist dies aber auch der Grund, dass die Physik hier das Phänomen der Zeit vernachlässigt, weil sie mit der Quantelung von *Energie* arbeitet und nicht mit der Quantelung des Produktes aus *Energie und Zeit*.

Des Weiteren konnte gezeigt werden, dass vieles dafür spricht, dass das Skalarfeld aus Wirkungsquanten und das Higgs-Skalarfeld identisch sind. Die Matrixtheorie stützt weiter auch die Vermutung, dass unser Universum kein abgeschlossenes System darstellt. Das wiederum stützt die These, dass die Dunkle Energie dem Wachstum der Matrix entspricht, beginnend mit einem ersten Wirkungsquantum.

Aktuell nähert sich die universitäre Physik immer mehr dieser Matrixtheorie, die in ihren Grundzügen bereits 2007 unter dem Namen *Allgemeine Dualitätstheorie* vorgestellt wurde und vor allem 2009 mit den Eigenschaften eines Feldes, das das Trägheitsprinzip analog zum Higgs-Feld beschreibt, ergänzt wurde [18]. Das belegen folgende Aussagen:

In seinem Artikel „Higgs-Hilfe für den Urknall" äußert R. Vaas im Oktober 2024 die Idee, dass die kosmische Inflation durch ein Skalarfeld (= Inflaton) bewirkt wurde, das aus dem Higgs-Feld besteht. Das Higgs-Inflaton wiederum funktioniert nur, wenn es eine nichtminimale Kopplung zwischen Higgs-Feld und Gravitation gibt – mit dem Hinweis, dass bisher nicht bekannt ist, woraus das skalare Higgs-Feld besteht. [19]
Chr. Wetterich (Universität Heidelberg) hatte bereits 1987 im Rahmen kosmologischer Modellbetrachtungen eine dynamische dunkle Energie vorgeschlagen, die heute als Quintessenz bezeichnet wird. Sie wird mit einem dynamischen Kraftfeld erklärt, das einem immer stärker werdenden Skalarfeld gleicht, das wiederum verantwortlich ist für die Dunkle Energie. [20]
H. Päs (Universität Dortmund) wiederum sagt: „Ich persönlich bin fest davon überzeugt, dass Raum, Zeit und Materie ganz eng miteinander verknüpft sind, ganz grundlegend und prinzipiell – dass Raum, Zeit und Materie letztlich gemeinsam aus einer zugrundeliegenden Quantenrealität heraus entstehen". [21]
Und Thomas Naumann (DESY) fragte vor einigen Jahren den theoretischen Physiker und Nobelpreisträger Martinus Veltman, ob es sich beim Higgs-Mechanismus nicht um die Wiedereinführung des *Äthers* handele. Veltman habe sich am Kopf gekratzt und nachdenklich gesagt: „In gewisser Hinsicht ja". [22]

Legt man diese Aussagen wie in einem Puzzle zusammen, stehen diese Physiker in der Frage nach der Dunklen Energie und dem, was die „Welt im Innersten zusammenhält", kurz vor jener Lösung, die hier mit der Matrixtheorie beschrieben wird – einem wachsenden Skalarfeld (= Äther), das mit dem Higgs-Feld identisch ist, das wiederum aus einer Quantenrealität besteht, in deren Quanten Raum, Zeit und Materie gemeinsam enthalten sind. Es fehlt nur als letzter Schritt der Übergang von der Raumzeit zur Wirkung. Das mag daran liegen, dass die berühmten Einstein´schen Feldgleichungen der ART auf der Philosophie des Raumzeitkontinuums basieren.

Was die Matrixtheorie zusätzlich bietet, ist eine *deutliche Vereinfachung* der Physik. Zeitdilatationen lassen sich nun allein auf Beschleunigungen zurückführen und die Spezielle Relativitätstheorie, die immer wieder Anlass zur Kritik gab, entfällt. Auch der Widerspruch der Entropie zur Strukturentwicklung im Universum wird aufgelöst, ebenso wie die Fragen zur Urknalltheorie. Selbst die kosmische Inflation, welche die gleichmäßige Verteilung nach dem Urknall erklären soll, ist obsolet geworden. Insgesamt zeigt sich auf der Grundlage der Matrixtheorie eine Physik, in der die Erkenntnisse aus unterschiedlichen Fachgebieten nun zu einem Gesamtbild zusammenfinden, auf der Basis der Matrix aus Wirkungsquanten und dem Higgs-Feld.

Lässt sich diese Matrixtheorie nun aber auch prüfen?

Die Prüfung einer umfassenden Theorie wie die Matrixtheorie kann nicht die Aufgabe einzelner Gelehrter sein, sondern erfordert ein gemeinsames Bemühen aller fachlich notwendigen Experten – was z.B. bei komplexen Fragen unter dem Rubrum „runder Tisch" gang und gäbe ist.

Zur experimentellen Prüfung, ob ein *absolutes Referenzsystem* mit einer Ruheposition tatsächlich existiert, wird vorgeschlagen, GPS-Daten unterschiedlicher Satellitensysteme heranzuziehen und diese unter diesem Aspekt auszuwerten, auch wenn das aufgrund der relativ dazu stattfindenden Erdbewegung nicht einfach sein dürfte.
Eine Berechnung der Dunklen Energie wäre eine weitere Möglichkeit zur Prüfung der Matrixtheorie. Man müsste dabei aber beachten, dass nach dieser Theorie die Dunkle Energie keine *Energie* darstellt, sondern das Wachstum eines Feldes von Wirkungsquanten seit Beginn des Universums, also einem *zeitabhängigen Prozess* entspricht, der Energie liefert.

Schlussendlich muss festgestellt werden, dass die etablierte Physik mit ihrem reduzierten Blick auf die Welt womöglich in eine Sackgasse geraten ist und nur durch eine Öffnung zu Nachbargebieten eine Stagnation vermeiden kann. Diese Perspektive wurde z.B. in „Physiconomics – zur Physik der Ökonomie" aufgezeigt [23].

Mit diesen Schlussbemerkungen wird die Hoffnung verbunden, dass sich im Wissenschaftsbetrieb eine Interdisziplinarität mehr als bisher gegen disziplinäre Abschottung durchsetzen kann; denn die Wissenschaft lebt davon, dass altes Denken in Frage gestellt und neues Denken gewagt wird.

Dr. Michael Harder
Prälatenweg 29, D-79219 Staufen
www.interwiss.de
interwiss@t-online.de

Literaturliste:

[1] Nicolai, H. „Quantengravitation und Vereinheitlichung", 2010, Source DOI 10.17617/1.55

[2] Esfeld, M. "Philosophie der Physik", Verlag suhrkamp, 2021 (ISBN 978-3-518-29633-2)

[3] Kiefer, Cl. "Quantengravitation", Ebd. [2] S. 267ff

[4] Hedrich, R. "Hat die Raumzeit Quanteneigenschaften? – Emergenztheoretische Ansätze in der Quantengravitation", Ebd. [2] S. 287ff

[5] Weßling, B. „Was für ein Zufall. Über Unvorhersehbarkeit, Komplexität und das Wesen der Zeit" Springer Vieweg, 2022 (ISBN 978-3-658-37754-0)

[6] Schuch, D., Intern. Journal of Quantum Chemistry: Quantum Chemistry Symposium 23, 59-72 (1989), John-Wiley-Verlag

[7] Layzer, D.: Die Ordnung des Universums; 1995, Insel-Verlag (Frankfurt)

[8] Lloyd, S.: Programming The Universe; 2007; Vintage Books (New York)

[9] Filk, Th.; Giulini, D.; „Am Anfang war die Ewigkeit", 2004, Beck (München), S. 144

[10] Einstein, A.; Speech: „Äther und Relativitätstheorie" in Leiden. 1920, Julius Springer (Berlin)

[11] Laughlin, R. B.; "A Different Universe: Reinventing Physics from the Bottom Down", Basic Books 2005 (New York), in Deutsch: "Abschied von der Weltformel", 2007, Piper (München), S.184

[12] von Weizsäcker, C.F., "Zeit und Wissen". Carl Hauser, München, Wien, S. 278ff (1992)

[13] Einstein, A.; Phys. Z. **6**, 185 (1909)

[14] Schuch, D.: "Quantum Theory from a Nonlinear Perspective – Riccati equations in Fundamental Physics", 2018, Springer (Cham, Switzerland)

[15] Harder, M.: "Die verborgenen Spielregeln des Universums. Band II: Wie die Welt wirklich funktioniert", ISBN 9-783756-834594, BoD (Norderstedt), 2022

[16] Conselice, Chr.J. „Die unsichtbare Hand des Universums", Spektrum der Wissenschaft 4/2007, S. 32ff

[17] Planck Mission, 2013, Vol. XVI, S. 42

[18] Harder, M.: „Einsteins Irrtümer – Die Entdeckung von Raum und Zeit"; 3. überarbeitete Auflage, ISBN 978-3837-09260-8, Verlag BoD (Norderstedt) 2009, S. 162ff

[19] Vaas,R.: „Higgs-Hilfe für den Urknall" ; Bild der Wissenschaft 10/24 S. 79ff)

[20] Bohnet, Ilja: „Die 42 größten Rätsel in der Physik"; Kosmos Verlag Stuttgart, 2020, S. 88).

[21] Ebd. [19] S. 52.

[22] Ebd. [19] S. 168

[23] Harder, M.: „Physiconomics – Zur Physik der Ökonomie"; ISBN 978-3848-20828-9, Verlag BoD (Norderstedt) , 2015